国家职业技能培训与鉴定教材
全国高等职业院校、技师学院、技工及高级技工学校规划教材

维修电工
国家职业技能鉴定指南

初级、中级 / 国家职业资格五级、四级

李广兵 主　编
朱国军　赵雅平 副主编
王　兵 主　审

电子工业出版社
Publishing House of Electronics Industry
北京·BEIJING

内 容 简 介

本书以《国家职业标准——维修电工》为依据，对参加维修电工（国家职业资格五级、四级）鉴定考试的考生梳理知识、强化训练、提高应试能力有直接的帮助和指导作用。体现了维修电工的职业特色，突出针对性、典型性、实用性，涵盖了相应级别考核的主要理论知识和操作技能。为便于考生把握相应等级的考核要求，指南给出了学习要点、工作要求及鉴定要素；为便于考生熟悉考核内容、题型，指南以试题的形式阐述了相应等级应掌握的考核点并配有参考答案或评分标准。

本书是参加维修电工（国家职业资格五级、四级）鉴定考试的必备参考指导用书，可作为高等职业院校、技师学院、技工及高级技工学校、中等职业学校相关课程的教材，也可作为企业技师培训教材和相关设备维修技术人员的自学用书。

未经许可，不得以任何方式复制或抄袭本书之部分或全部内容。
版权所有，侵权必究。

图书在版编目（CIP）数据

维修电工国家职业技能鉴定指南：初级、中级／国家职业资格五级、四级／李广兵主编．—北京：电子工业出版社，2012.11
国家职业技能培训与鉴定教材　全国高等职业院校、技师学院、技工及高级技工学校规划教材
ISBN 978-7-121-17896-2

Ⅰ．①维… Ⅱ．①李… Ⅲ．①电工－维修－职业技能－鉴定－指南 Ⅳ．①TM07-62

中国版本图书馆CIP数据核字（2012）第188140号

策划编辑：关雅莉　　杨　波
责任编辑：郝黎明　　　　　文字编辑：裴　杰
印　　刷：三河市华成印务有限公司
装　　订：三河市华成印务有限公司
出版发行：电子工业出版社
　　　　　北京市海淀区万寿路173信箱　邮编　100036
开　　本：787×1 092　1/16　印张：10.75　字数：275.2千字
版　　次：2012年11月第1版
印　　次：2023年7月第20次印刷
定　　价：28.00元

凡所购买电子工业出版社图书有缺损问题，请向购买书店调换。若书店售缺，请与本社发行部联系，联系及邮购电话：（010）88254888，88258888。
质量投诉请发邮件至 zlts@phei.com.cn，盗版侵权举报请发邮件至 dbqq@phei.com.cn。
本书咨询联系方式：（010）88254617，luomn@phei.com.cn。

国家职业技能培训与鉴定教材
全国高等职业院校、技师学院、技工及高级技工学校规划教材

维修电工 教材编写委员会

主 任 委 员：史术高　　湖南省职业技能鉴定中心（湖南省职业技术培训研究室）

副主任委员：（排名不分先后）

	王　兵	湖南工业大学
	肖伸平	湖南工业大学
	邓木生	湖南铁道职业技术学院
	汤光华	湖南化工职业技术学院
	胡良君	张家界航空职业技术学院
	尹南宁	衡阳技师学院
	邱丽芳	湖南工业职业技术学院
	雷刚跃	湖南信息职业技术学院
	陈应华	湖南铁路科技职业技术学院
	邱　俊	长沙民政职业技术学院
	罗水华	湖南安全技术职业学院
	夏　军	长沙市雷锋学校

委　　　员：（排名不分先后）

	李广兵	长沙航空职业技术学院
	朱国军	长沙航空职业技术学院
	凌　云	湖南工业大学
	彭志红	株洲工贸技师学院
	王亚兵	中国铁通湘潭分公司
	谭　波	湖南工业大学
	李燕林	湖南工业大学
	黄云章	湖南工业大学
	周维龙	湖南工业大学
	贺可恒	株洲电视台
	吴兴锦	长沙航空职业技术学院
	欧阳斌	长沙航空职业技术学院
	王朝红	长沙航空职业技术学院
	刘　奇	湖南省职业技能鉴定中心
	钟美杰	长沙航空职业技术学院
	赵雅平	甘肃省岷县职业中专

秘　书　处：甘昌意、刘南、杨波、刘学清

出版说明

人才资源是国家发展、民族振兴最重要的战略资源,是国家经济社会发展的第一资源,是促进生产力发展和体现综合国力的第一要素。加强人力资源开发工作和人才队伍建设是加快我国现代化建设进程中事关全局的大事,始终是一个基础性的、全面性的、决定性的战略问题。坚持人才优先发展,加快建设人才强国对于全面实现小康社会目标、建设富强民主文明和谐的社会主义现代化国家具有决定性意义。党和国家历来高度重视人力资源开发工作,改革开放以来,尤其是进入新世纪新阶段,党中央和国务院做出了实施人才强国战略的重大决策,提出了一系列加强人力资源开发的政策措施,培养造就了各个领域的大批人才。但当前我国人才发展的总体水平同世界先进国家相比仍存在较大差距,与我国经济社会发展需要还有许多不适应。为此,《国家中长期人才发展规划纲要(2010—2020年)》提出:"坚持服务发展、人才优先、以用为本、创新机制、高端引领、整体开发的指导方针,培养和造就规模宏大、结构优化、布局合理、素质优良的人才队伍,确立国家人才竞争比较优势,进入世界人才强国行列,为在本世纪中叶基本实现社会主义现代化奠定人才基础。"

职业教育培训是人力资源开发的主要途径之一,加强职业教育培训,创新人才培养模式,加快人才队伍建设是人力资源开发的重要内容,是落实人才强国战略的具体体现,是实现国家中长期人才发展规划纲要目标的根本保证。

职业资格鉴定是全面贯彻落实科学发展观,大力实施人才强国战略的重要举措,有利于促进劳动力市场建设和发展,关系到广大劳动者的切身利益,对于企业发展和社会经济进步以及全面提高劳动者素质和职工队伍的创新能力具有重要作用。职业资格鉴定也是当前我国经济社会发展,特别是就业、再就业工作的迫切要求。

国家题库的建立,对于保证职业资格鉴定工作的质量起着重要作用,是加快培养一大批数量充足、结构合理、素质优秀的技术技能型、复合技能型和知识技能型的高技能人才,为各行各业造就出千万能工巧匠的重要具体措施。但目前相当一部分职业资格鉴定题库的内容已经过时,湖南省职业技能鉴定中心(湖南省职业技术培训研究室)组织鉴定站所、院校和企业专家开发了新的题库,并经过人力资源和社会保障部职业技能鉴定中心审核,获准可以按照新的题库开展相应工种的职业资格鉴定工作。

职业教育培训教材是职业教育培训的重要资源,是体现职业教育培训特色的知识载体和教学的基本工具，是培养和造就高技能人才的基本保证。为满足广大劳动者职业培训鉴定需要，给广大参加职业资格鉴定的人员提供帮助，我们组织参加这次国家题库开发的专家，以及长期从事职业资格鉴定工作的人员编写了这套"国家职业资格技能培训与鉴定教材"。本套丛书是与国家职业标准、国家职业资格鉴定题库相配套的。在本套丛书的编写过程中，贯彻了"围绕考点，服务考试"的原则，把编写重点放在以下几个主要方面。

第一，内容上涵盖国家职业标准对该工种的知识和技能方面的要求，确保达到相应等级技能人才的培养目标。

第二，突出考前辅导的特色，以职业资格鉴定试题作为本套丛书的编写重点，内容上紧紧围绕鉴定考核的内容，充分体现系统性和实用性。

第三，坚持"新内容"为编写的侧重点，无论是内容还是形式上都力求有所创新，使本套丛书更贴近职业资格鉴定，更好地服务于职业资格鉴定。

这是推动培训与鉴定紧密结合的大胆尝试，是促进广大劳动者深入学习、提高职业能力和综合素质、促进人才队伍建设的一项重要基础性工作，很有意义，是一件大好事。

组织开发高质量的职业培训鉴定教材，加强职业培训鉴定教材建设，为技能人才培养提供技术和智力支持，对于提高技能人才培养质量，推动职业教育培训科学发展非常重要。我们要适应新形势新任务的要求，针对职业培训鉴定工作的实际需要，统一规划，总结经验，加以完善，努力把职业培训鉴定教材建设工作做得更好，为提高劳动者素质、促进就业和经济社会发展做出积极贡献。

电子工业出版社　职业教育分社
2012 年 8 月

前　言

本套教材的编写符合职业学校学生的认知和技能学习规律，形式新颖，职教特色明显；在保证知识体系完备，脉络清晰，论述精准深刻的同时，尤其注重培养读者的实际动手能力和企业岗位技能的应用能力，并结合大量的典型任务和项目来使读者更进一步灵活掌握及应用相关的技能。

为满足维修电工职业技能培训和职业技能鉴定需要，更好地服务于维修电工国家职业资格证书制度的推行工作，湖南省人力资源和社会保障厅职业技能鉴定中心、湖南省职业技术培训研究室组织行业专家、职业教育专家和职业技能培训与职业技能鉴定专家，成立了维修电工职业技能鉴定研究与题库开发课题组，对维修电工国家职业标准、职业技能培训教程、职业技能鉴定试题库和职业技能鉴定指南等进行了深入的研究，撰写了《维修电工　国家职业技能培训与鉴定教程　高级、技师、高级技师／国家职业资格三级、二级、一级》、《维修电工　国家职业技能鉴定指南　高级、技师、高级技师／国家职业资格三级、二级、一级》、《维修电工　国家职业技能培训与鉴定教程　初级、中级／国家职业资格五级、四级》、《维修电工　国家职业技能鉴定指南　初级、中级／国家职业资格五级、四级》4 种图书，并通过了湖南省人力资源和社会保障厅的审定。

● 本书内容

本书以《国家职业标准——维修电工》为依据，对参加维修电工（国家职业资格五级、四级）鉴定考试的考生梳理知识、强化训练、提高应试能力有直接的帮助和指导作用。体现了维修电工的职业特色，突出针对性、典型性、实用性，涵盖了相应级别考核的主要理论知识和操作技能。为便于考生把握相应等级的考核要求，指南给出了学习要点、工作要求及鉴定要素；为便于考生熟悉考核内容、题型，指南以试题的形式阐述了相应等级应掌握的考核点并配有参考答案或评分标准。

本书是参加维修电工（国家职业资格五级、四级）鉴定考试的必备参考指导用书，可作为高等职业院校、技师学院、技工及高级技工学校、中等职业学校相关课程的教材，也可作为企业技师培训教材和相关设备维修技术人员的自学用书。

在培训、教学实践中，老师可根据不同培养目标所对应的技能要求，适当选择和增补相关的培训、教学内容。

● **配套教学资源**

本书提供了配套的立体化教学资源,包括教学指南、电子教案等必需的文件,读者可以通过华信教育资源网(www.hxedu.com.cn)下载使用或与电子工业出版社联系(E-mail:yangbo@phei.com.cn)。

● **本书主编**

本书由长沙航空职业技术学院李广兵主编,长沙航空职业技术学院朱国军、甘肃省岷县职业中专赵雅平副主编,湖南工业大学王兵主审,长沙航空职业技术学院吴兴锦、欧阳斌等参与编写。由于时间仓促,作者水平有限,书中错漏之处在所难免,恳请广大读者批评指正。

● **特别鸣谢**

特别鸣谢湖南省人力资源和社会保障厅技能鉴定中心、湖南省职业技术培训研究室对本书编写工作的大力支持,并同时鸣谢湖南工业大学肖伸平、湖南铁道职业技术学院邓木生、湖南化工职业技术学院汤光华、张家界航空职业技术学院胡良君、衡阳技师学院尹南宁、湖南工业职业技术学院邱丽芳、湖南信息职业技术学院雷刚跃、湖南铁路科技职业技术学院陈应华、长沙民政职业技术学院邱俊、湖南安全技术职业学院罗水华等对本书进行了认真的审校及建议。

主　编

2012 年 8 月

目　　录

第一章　维修电工职业技能鉴定 ·· 1

　　第一节　维修电工职业技能鉴定简介 ·· 1

　　第二节　维修电工职业技能鉴定的试卷构成 ·· 1

　　第三节　维修电工职业技能鉴定题型及特点 ·· 3

　　第四节　应试技巧 ·· 4

第二章　初级维修电工鉴定指南 ··· 5

　　第一节　学习要点 ·· 5

　　第二节　理论知识试题 ··· 13

　　第三节　操作技能试题 ··· 60

　　第四节　模拟试卷 ··· 61

　　第五节　参考答案 ··· 75

第三章　中级维修电工鉴定指南 ··· 79

　　第一节　学习要点 ··· 79

　　第二节　理论知识试题 ··· 87

　　第三节　操作技能试题 ·· 136

　　第四节　模拟试卷 ·· 138

　　第五节　参考答案 ·· 158

第一章　维修电工职业技能鉴定

第一节　维修电工职业技能鉴定简介

维修电工职业技能鉴定是以维修电工国家职业标准为依据，在政府劳动保障行政部门领导下，由职业技能鉴定中心组织实施，依托职业技能鉴定所（站），开展对电气维修安装从业人员技能水平的评价和认定，是一种专门从事衡量从业人员职业能力水平的标准参照型考试。

维修电工职业技能鉴定考试分为理论知识考试和操作技能考核两部分。理论知识考试采用书面闭卷笔答、统一评分的形式进行。主要考查从业人员对维修电工技术原理、维修电工工艺及相关方面的理论知识的理解和掌握程度。考试时间 120 分钟，考试满分为 100 分，60 分为及格。操作技能考核主要考查从业人员在电气安装调试、电气维修、相关仪器仪表使用等方面的实际操作技能。操作技能考核主要采取实际进行电气安装调试、维修指定设备（或线路）的操作方式，对从业人员在实际操作过程中操作的正确性、规范性、安全性以及安装调试成果、维修成果等方面进行综合考核。技能操作考核时间为：初级不少于 150 分钟，中级不少于 150 分钟，高级不少于 180 分钟，技师不少于 200 分钟，高级技师不少于 240 分钟；论文答辩时间不少于 45 分钟。考核满分为 100 分，60 分为及格。

第二节　维修电工职业技能鉴定的试卷构成

一、理论知识考试的试卷构成

理论知识考试试卷由试题卷和答题卡组成，答题卡上的考试类别、准考证号码、选择题、判断题要求用 2B 铅笔将对应答案涂黑。考试完成后，由计算机统一阅卷并评分。姓名、职业要求用钢笔或圆珠笔填写。

试题卷由试卷名称、注意事项、记分栏、试题正文构成。

维修电工理论知识的考试题型见下表。

理论知识考试试卷的题型、题量与配分方案

	判断题		单项选择题		多项选择题		合计	
	比重	题量	比重	题量	比重	题量	比重	题量
五级	20	20	80	80	0	0	100	100
四级	20	20	80	80	0	0	100	100
三级	20	20	60	60	20	10	100	100

二、操作技能考核的试卷构成

操作技能考核的试卷由操作技能考核试卷、评分记录表构成。

操作技能考核试卷包含试题、考核要求、注意事项、否定项等要素。

技能评分表包含考核项目、考核内容及要求、配分、评分标准、检测结果、扣分、得分、考评员签名、监考员签名等项目。

三、鉴定比重表

1. 理论知识

项目			初级（%）	中级（%）	高级（%）	技师（%）	高级技师（%）
相关知识		职业道德	5	5	5	5	5
		基础知识	22	17	14	10	10
	一、工作前准备	劳动保护与安全文明生产	8	5	5	3	2
		工具、量具及仪器、仪表	4	5	4	3	2
		材料选用	5	3	3	2	2
		读图与分析	9	10	10	6	5
	二、装调与维修	电气故障检修	15	17	18	13	10
		配线与安装	20	22	18	5	3
		调试	12	13	13	10	7
		测绘	—	3	4	10	12
		新技术应用	—	—	2	9	12
		工艺编制	—	—	2	5	8
		设计	—	—	—	9	12
	三、培训指导	指导操作	—	—	2	2	2
		理论培训	—	—	—	2	2
	四、管理	质量管理	—	—	—	3	3
		生产管理	—	—	—	3	3
合计			100	100	100	100	100

注：中级以上"职业道德"、"基础知识"、"劳动保护与安全文明生产"与"材料选用"模块内容按初级标准考核。

2. 操作技能

	项目		初级(%)	中级(%)	高级(%)	技师(%)	高级技师(%)
技能要求	一、工作前准备	劳动保护与安全文明生产	10	5	5	5	5
		工具、量具及仪器、仪表	5	10	8	2	2
		材料选用	10	5	2	2	2
		读图与分析	10	10	10	7	7
	二、装调与维修	电气故障检修	25	26	25	15	8
		配线与安装	25	24	15	2	2
		调试	15	18	19	10	5
		测绘	—	2	7	10	9
		新技术应用	—	—	3	13	20
		工艺编制	—	—	—	4	8	10
		设计	—	—	—	13	16
	三、培训指导	指导操作	—	—	2	2	4
		理论培训	—	—	—	2	4
	四、管理	质量管理	—	—	—	3	3
		生产管理	—	—	—	3	3
	合计		100	100	100	100	100

注：中级以上"劳动保护与安全文明生产"与"材料选用"模块内容按初级标准考核。

第三节　维修电工职业技能鉴定题型及特点

一、理论知识考试题型及特点

理论知识考试试题由判断题、单项选择题两类试题组成。各类题型的考试侧重点都有所不同。

1. 单项选择题：试题给出四个备选答案，其中只有一个是正确的答案。要求从四个答案中选择最合适的答案，将答案编号填入答题卡中。单项选择题主要考查从业人员对几个相似的、容易混淆的基本知识点的掌握程度。

2. 判断题：试题给出对一个问题的叙述，要求从业人员判断该叙述正确与否，并将答案填入答题卡中。判断题主要考查从业人员对基本概念的理解程度。

二、操作技能考核试题及特点

操作技能考核的试题中包含电气安装调试、电气维修、仪器仪表使用等方面的实际操作项目。试题对安装调试的成果、电气维修的成果等提出了要求。要求从业人员在规定的时间内，完成相应的工作。技能操作主要考核从业人员对电气设备的安装、调试及维修的实际操作技巧和操作能力，考核从业人员对电气图的识图和理解能力，考核从业人员在安全文明生产方面的遵守情况。

第四节　应试技巧

一、理论知识考试的应试技巧

理论知识考试包括：单选题、判断题两大题型。

考试内容包括职业道德，基础知识，劳动保护与安全文明生产，工具、量具及仪器、仪表，材料选用，读图与分析，电气故障检修，配线与安装，调试，测绘等模块。在四个供选择的答案中，选唯一正确的答案，相对容易得分。答题主要有两种方法：一是根据自己的识记，直接选出正确答案，既省时又有把握；二是把握不准时应根据自己对知识点及图纸的掌握程度，采取比较法、排除法，逐一甄别，确定唯一正确的答案。切忌凭猜测、靠感觉作答。答题必须在理解全句的基础上，确定正误。实际上临考前强记也是一种技巧。

职业道德、劳动保护与安全文明生产等题目较容易。基础知识也比较容易，都是电工基础类的题目。其他考核内容的答案有不少在平时的实际工作中可以慢慢积累而成，也可突击强记一些常用的设备电气原理图。图纸一定要充分读懂、充分理解并记忆。比如 X6132 的铣床，要记得哪台电机由哪个交流接触器控制，而那个交流接触器又是由哪些按钮、行程开关等控制的。它们的导线选择的方法，安装方法等。

二、操作技能考核的应试技巧

操作技能考核包括：安装与调试、故障分析与排除、仪器与仪表使用三大题型。

在操作技能考核中，安全文明生产始终贯穿于整个考核过程。

考试内容包括继电控制线路的安装调试维修及电子线路的安装调试维修。

在操作技能考核中可以没有什么技巧，只有在平时多做多练，经过自己学习、认识和亲身体验才能在考核中做到轻松自如。不但要熟悉"强电"，还要熟悉"弱电"。不仅要熟练地掌握基本理论知识和操作技能，还要具有较强的分析与解决实际问题的能力，真正做到学以致用。

第二章　初级维修电工鉴定指南

第一节　学习要点

一、对初级维修电工的工作要求

职业功能	工 作 内 容	技 能 要 求	相 关 知 识
一、工作前准备	（一）劳动保护与安全文明生产	1. 能够正确准备个人劳动保护用品 2. 能够正确采用安全措施保护自己，保证工作安全	
	（二）工具、量具及仪器、仪表	能够根据工作内容合理选用工具、量具	常用工具、量具的用途和使用、维护方法
	（三）材料选用	能够根据工作内容正确选用材料	电工常用材料的种类、性能及用途
	（四）读图与分析	能够读懂 CA6140 车床、Z535 钻床、5t 以下起重机等一般复杂程度机械设备的电气控制原理图及接线图	一般复杂程度机械设备的电气控制原理图、接线图的读图知识
二、装调与维修	（一）电气故障检修	1. 能够检查、排除动力和照明线路及接地系统的电气故障 2. 能够检查、排除 CA6140 车床、Z535 钻床等一般复杂程度机械设备的电气故障 3. 能够拆卸、检查、修复、装配、测试 30KW 以下三相异步电动机和小型变压器 4. 能够检查、修复、测试常用低压电器	1. 动力、照明线路及接地系统的知识 2. 常见机械设备电气故障的检查、排除方法及维修工艺 3. 三相异步电动机和小型变压器的拆装方法及应用知识 4. 常用低压电器的检修及调试方法
	（二）配线与安装	1. 能够进行 19/0.82 以下多股铜导线的连接并恢复其绝缘 2. 能够进行直径 19mm 以下的电线铁管揻弯、穿线等明、暗线的安装 3. 能够根据用电设备的性质和容量，选择常用电气元件及导线规格	1. 电工操作技术与工艺知识机床配线、安装工艺知识 2. 机床配线、安装工艺知识 3. 电子电路基本原理及应用知识 4. 电子电路焊接、安装、测试工艺方法

续表

职业功能	工作内容	技能要求	相关知识
二、装调与维修	（二）配线与安装	4. 能够按图样要求进行一般复杂程度机械设备的主、控线路配电板的配线及整机的电气安装工作 5. 能够检验、调整速度继电器、温度继电器、压力继电器、热继电器等专用继电器 6. 能够焊接、安装、测试单相整流稳压电路和简单的放大电路	
	（三）调试	能够正确进行 CA6140 车床、Z535 钻床等一般复杂程度的机械设备或一般电路的试通电工作，能够合理应用预防和保护措施，达到控制要求，并记录相应的电参数	1. 电气系统的一般调试方法和步骤 2. 试验记录的基本知识

二、鉴定要素细目表

1. 理论知识鉴定要素细目表

标准比重表鉴定要素细目表

鉴定范围 一级			二级			三级			鉴定点		
代码	名称	鉴定比重	代码	名称	鉴定比重	代码	名称	鉴定比重	代码	名称	重要程度
A	基本要求 (44:19:02)	27	A	职业道德 (11:02:00)	5	A	职业道德 (11:02:00)	5	001	职业道德的基本内涵	X
									002	市场经济条件下，职业道德的功能	X
									003	企业文化的功能	X
									004	职业道德对增强企业凝聚力、竞争力的作用	X
									005	职业道德是人生事业成功的保证	Y
									006	文明礼貌的具体要求	X
									007	爱岗敬业的具体要求	X
									008	对诚实守信基本内涵的理解	X
									009	办事公道的具体要求	X
									010	勤劳节俭的现代意义	X
									011	企业员工遵纪守法的要求	X
									012	团结互助的基本要求	X
									013	创新的道德要求	Y
			B	基础知识 (33:17:02)	22	A	电工基础知识 (29:06:00)	14	001	电路的组成	X
									002	电流与电动势	X
									003	电压和电位	X
									004	电阻器	X

第二章　初级维修电工鉴定指南

续表

鉴定范围						鉴定点		
一级			二级			三级			
代码	名称	鉴定比重	代码	名称	鉴定比重	代码	名称	鉴定比重

代码	名称	鉴定比重	代码	名称	鉴定比重	代码	名称	鉴定比重	代码	名称	重要程度
A	基本要求 (44:19:02)	27	B	基础知识 (33:17:02)	22	A	电工基础知识 (29:06:00)	14	005	欧姆定律	Y
									006	电阻的联接	X
									007	电功和电功率	X
									008	电容器	X
									009	一般电路的计算	X
									010	磁场、磁力线与电流的磁场	X
									011	磁场的基本物理量	X
									012	磁场对电流的作用	X
									013	电磁感应	X
									014	正弦交流电路的基本概念	X
									015	单相正弦交流电路	X
									016	三相交流电路	X
									017	变压器的用途	X
									018	变压器的工作原理	X
									019	三相交流异步电动机工作原理	X
									020	低压电器	X
									021	半导体二极管	X
									022	半导体三极管的放大条件	X
									023	单管基本放大电路	X
									024	稳压电路	X
									025	电气图的分类	X
									026	读图的基本步骤	X
									027	定子绕组串电阻降压启动	Y
									028	星-角自动降压启动控制线路	X
									029	双互锁正反转控制线路	Y
									030	两地控制线路	X
									031	电流表的使用	X
									032	电压表的使用	Y
									033	万用表正确使用	X
									034	常用绝缘材料	Y
									035	合理运用电气设备	Y
						B	钳工基础知识 (00:03:00)	1	001	锉削方法	Y
									002	钻孔知识	Y
									003	螺纹加工	Y

续表

鉴定范围							鉴定点		
一级			二级			三级			
代码	名称	鉴定比重	代码	名称	鉴定比重	代码	名称	鉴定比重	重要程度
代码	名称	鉴定比重	代码	名称	鉴定比重	代码	名称	鉴定比重	重要程度
A	基本要求 (44:19:02)	27	B	基础知识 (33:17:02)	22	C	安全文明生产与环境保护知识 (04:02:02)	4	
							001 触电的概念		X
							002 常见的触电形式		X
							003 安全用电技术措施		X
							004 安全生产规章制度		X
							005 环境污染的概念		Y
							006 电磁污染源的分类		Y
							007 噪声的危害		Z
							008 声音传播的控制途径		Z
						D	质量管理知识 (00:02:00)	1	
							001 质量管理的内容		Y
							002 岗位质量要求		Y
						E	相关法律、法规知识 (00:04:00)	2	
							001 劳动者的权利		Y
							002 劳动者的义务		Y
							003 劳动合同的解除		Y
							004 劳动安全卫生制度		Y
B	相关知识 (111:36:00)	73	A	工作前准备 (15:18:00)	16	A	工具、量具及仪器 (02:08:00)	5	
							001 套筒扳手的正确使用		Y
							002 卡尺的使用		Y
							003 喷灯的种类及用途		Y
							004 喷灯的正确使用		Y
							005 喷灯火焰和带电体之间安全距离		Y
							006 喷灯的加压注意事项		Y
							007 短路探测器的使用		X
							008 断条侦查器的使用		X
							009 千分尺的使用		Y
							010 塞尺的使用		Y
						B	读图与分析 (13:10:00)	11	
							001 车床加工的基本运动		X
							002 车床电源的供电		X
							003 车床电动机 M_1 短路保护		X
							004 车床电动机 M_2、M_3 的短路保护		X
							005 控制线路的供电		Y
							006 车床的快速进给		X
							007 车床主电源的指示		X
							008 钻床的概念		Y
							009 钻床的照明线路		Y
							010 钻床的电气保护		Y
							011 桥式起重机电动机的应用		Y

第二章 初级维修电工鉴定指南

续表

鉴定范围							鉴定点		
一级			二级			三级			重要程度
代码	名称	鉴定比重	代码	名称	鉴定比重	代码	名称	鉴定比重	
						代码	名称		
B	相关知识 (111:36:00)	73	A	工作前准备 (15:18:00)	16	B	读图与分析 (13:10:00)	11	
						012	桥式起重机电动机的保护		Y
						013	凸轮控制器的功能		Y
						014	凸轮控制器手柄第一挡控制		Y
						015	凸轮控制器手柄第二挡控制		Y
						016	凸轮控制器手柄第五挡控制		Y
						017	起重机的保护配电柜		X
						018	总电流继电器的整定值		X
						019	过电流继电器的整定值		X
						020	起重机的接地保护		X
						021	维修电工图的种类和用途		X
						022	接线图的画法		X
						023	识图的基本步骤		X
			B	装调与维修 (96:18:00)	57	A	电气故障检修 (26:12:00)	19	
						001	线路对绝缘电阻的要求		X
						002	电缆线路故障的原因		X
						003	感应法寻找故障		Y
						004	母线槽的定期维修		Y
						005	保护接地的检查		X
						006	风扇罩的拆装		Y
						007	电动机轴承的安装		Y
						008	转子的安装		X
						009	电动机的绝缘检查		X
						010	三相异步电动机的常见故障		X
						011	集电环的修理		Y
						012	绕组对地短路的故障		X
						013	短路探测器检查短路点		X
						014	电压降压法的检修		Y
						015	绕线组冷态直流电阻的测定		Y
						016	500V 电动机绝缘电阻的测量		X
						017	低压电动机绝缘电阻的测量		X
						018	电动机对地绝缘的耐压试验		X
						019	380V 以下电动机的耐压试验		X
						020	小型变压器的故障修理		Y
						021	小型变压器线圈的绝缘处理		Y
						022	小型变压器绝缘电阻的测试		Y
						023	小型变压器空载电压的测试		Y
						024	接触器触点的整形修理		X

续表

鉴定范围							鉴定点		
一级			二级			三级			
代码	名称	鉴定比重	代码	名称	鉴定比重	代码	名称	鉴定点代码	名称	重要程度

一级			二级			三级			鉴定点		
代码	名称	鉴定比重	代码	名称	鉴定比重	代码	名称	鉴定比重	代码	名称	重要程度
B	相关知识 (111:36:00)	73	B	装调与维修 (96:18:00)	57	A	电气故障检修 (26:12:00)	19	025	接触器触点的开距和超程	X
									026	接触器桥式触点终压力测量	X
									027	接触器主触点的通断要求	X
									028	热继电器的检修	X
									029	电磁式继电器检测与要求	X
									030	过电流继电器动作值的整定	X
									031	时间继电器的整定	X
									032	低压断路器的检修与调整	X
									033	CA6140型车床的故障检修	X
									034	人工接地体的要求	X
									035	三相异步电动机的启动	X
									036	频敏变阻器的特点	Y
									037	转子回路串接电阻的调速	X
									038	变压器的运行特性	X
						B	配线与安装 (44:06:00)	25	001	配电板的选料	X
									002	配电板的尺寸	X
									003	元器件的码放	X
									004	装配孔的安装位置	X
									005	接触器的安装	X
									006	主回路的连接	X
									007	控制回路的连接	X
									008	布线的合理性	X
									009	专用继电器的用途	X
									010	速度继电器的作用	X
									011	速度继电器的型号	X
									012	JY1型速度继电器技术参数	X
									013	速度继电器的高速调整	X
									014	速度继电器的低速调整	X
									015	温度继电器的应用	X
									016	热敏电阻式温度继电器的应用	Y
									017	热敏电阻式温度继电器的保护	Y
									018	压力继电器的应用	X
									019	压力继电器的触头要求	X
									020	YJ系列压力继电器技术数据	X
									021	晶体管时间继电器	X
									022	时间继电器的选用	X

续表

鉴定范围							鉴定点		
一级			二级			三级			
代码	名称	鉴定比重	代码	名称	鉴定比重	代码	名称	鉴定比重	代码	名称	重要程度

一级 代码	一级 名称	一级 鉴定比重	二级 代码	二级 名称	二级 鉴定比重	三级 代码	三级 名称	三级 鉴定比重	鉴定点 代码	鉴定点 名称	重要程度
B	相关知识 (111:36:00)	73	B	装调与维修 (96:18:00)	57	B	配线与安装 (44:06:00)	25	023	行程开关的选用	X
									024	电子元件	X
									025	电子元件的检测	X
									026	多股铜导线的连接	X
									027	导线的绝缘恢复	X
									028	黄蜡带的包缠要求	X
									029	线管配线的要求	X
									030	管子的弯曲角度	Y
									031	钢管的配线的要求	Y
									032	线管内配线的要求	Y
									033	线管内的导线的绝缘强度	Y
									034	配电板的安装	X
									035	半导体元件弯腿要求	X
									036	焊点的要求	X
									037	晶体管工作状态	X
									038	单管电压放大电路的交流通路	X
									039	单管电压放大电路的电压放大	X
									040	反馈的定义	X
									041	交流反馈	X
									042	直流负反馈	X
									043	自激振荡的条件	X
									044	变压器耦合式振荡器电路	X
									045	温度对静态工作点的影响	X
									046	整流电路	X
									047	不经常启动电动机熔体要求	X
									048	多台交流电动机熔体要求	X
									049	刀开关的选择	X
									050	低压断路器的选择	X
						C	调试 (26:00:00)	13	001	车床调试前图纸资料的准备	X
									002	车床调试前工具仪表的准备	X
									003	车床电动机绝缘电阻的摇测	X
									004	车床线路对地电阻的摇测	X
									005	车床电动机的检查	X
									006	车床试车时熔断器的检查	X
									007	车床试车时变压器的检查	X
									008	车床试车中电动机的检查	X

续表

鉴定范围							鉴定点		
一级			二级			三级				
代码	名称	鉴定比重	代码	名称	鉴定比重	代码	名称	鉴定比重	重要程度
代码	名称	鉴定比重	代码	名称	鉴定比重	代码	名称		
B	相关知识 (111:36:00)	73	B	装调与维修 (96:18:00)	57	C	调试 (26:00:00)	13	
						009	钻床调试前图纸资料的准备		X
						010	钻床调试前工具仪表的准备		X
						011	钻床电动机绝缘电阻的摇测		X
						012	钻床线路对地电阻的摇测		X
						013	钻床调试前电动机的检查		X
						014	钻床试车前熔断器的检查		X
						015	钻床试车变压器一次的检查		X
						016	钻床试车变压器二次的检查		X
						017	钻床试车热继电器的调整		X
						018	钻床试车热继电器电流调整		X
						019	电器元件的检查		X
						020	兆欧表对线路的测试		X
						021	电动机转轴的检查		X
						022	电动机的启动		X
						023	电动机启动电流的检查		X
						024	启动电流的要求		X
						025	电动机三相电流的检查		X
						026	电动机的外壳温度的检查		X

2. 操作技能鉴定要素细目表

基本操作技能	导线的连接
	塑料护套线线路的简单设计和安装
	PVC 管线线路的简单设计和安装
	塑料槽板线路的简单设计和安装
	常用照明灯具的安装
	瓷瓶线路导线的绑扎
	量配电装置的简单设计和安装
	常用低压电器的识别
	常用低压电器的拆装
	线圈的绕制
	钳工技术
	电焊基本操作
	工量具的使用
	电工材料的选择
	触电急救

续表

安装与调试	安装和调试三相异步电动机控制电路
	按图安装和调试三相异步电动机控制电路
	设计并安装机床控制线路
	安装与调试电子线路
	电动机定子绕组的嵌线
	单相异步电动机定子绕组的绕线、接线、包扎及调试
	异步电动机的拆装及调试
	单相异步电动机的拆装及调试
	异步电动机的安装、接线及调试
故障分析与排除	检修三相异步电动机控制线路模拟板上的故障
	检修机床电气线路模拟板上的故障
	检修机床电气线路故障
	电子线路的检修
	变压器的检修
	单相电动机的检修
	三相电动机的检修
	车间线路的检修
仪器与仪表	万用表的使用
	兆欧表的使用
	电流表的使用
	电压表的使用
	钳型电流表的使用
	离心式转速表的使用
安全文明生产	在各项技能考核中，要遵守安全文明生产的有关规定

第二节 理论知识试题

一、职业道德

（一）选择题

1. 职业道德是指从事一定职业劳动的人们，在长期的职业活动中形成的（　　）。
   A．行为规范　　　B．操作程序　　　C．劳动技能　　　D．思维习惯
2. 下列选项中属于职业道德范畴的是（　　）。

A．企业经营业绩　　　　　　　　　B．企业发展战略
C．员工的技术水平　　　　　　　　D．人们的内心信念
3．职业道德是一种（　　）的约束机制。
A．强制性　　B．非强制性　　C．随意性　　D．自发性
4．在市场经济条件下，职业道德具有（　　）的社会功能。
A．鼓励人们自由选择职业　　　　　B．遏制牟利最大化
C．促进人们的行为规范化　　　　　D．最大限度地克服人们受利益驱动
5．在市场经济条件下，（　　）是职业道德社会功能的重要表现。
A．克服利益导向　　　　　　　　　B．遏制牟利最大化
C．增强决策科学化　　　　　　　　D．促进员工行为的规范化
6．市场经济条件下，职业道德最终将对企业起到（　　）的作用。
A．决策科学化　　　　　　　　　　B．提高竞争力
C．决定经济效益　　　　　　　　　D．决定前途与命运
7．在企业的经营活动中，下列选项中的（　　）不是职业道德功能的表现。
A．激励作用　　B．决策能力　　C．规范行为　　D．遵纪守法
8．企业文化的功能不包括（　　）。
A．激励功能　　B．导向功能　　C．整合功能　　D．娱乐功能
9．下列选项中属于企业文化功能的是（　　）。
A．体育锻炼　　B．整合功能　　C．歌舞娱乐　　D．社会交际
10．下列选项中属于企业文化功能的是（　　）。
A．整合功能　　　　　　　　　　　B．技术培训功能
C．科学研究功能　　　　　　　　　D．社交功能
11．为了促进企业的规范化发展，需要发挥企业文化的（　　）功能。
A．娱乐　　　B．主导　　　C．决策　　　D．自律
12．职业道德对企业起到（　　）的作用。
A．决定经济效益　B．促进决策科学化　C．增强竞争力　D．树立员工守业意识
13．职业道德对企业起到（　　）的作用。
A．增强员工独立意识　　　　　　　B．模糊企业上级与员工关系
C．使员工规规矩矩做事情　　　　　D．增强企业凝聚力
14．下列选项中属于职业道德作用的是（　　）。
A．增强企业的凝聚力　　　　　　　B．增强企业的离心力
C．决定企业的经济效益　　　　　　D．增强企业员工的独立性
15．职业道德通过（　　），起到增强企业凝聚力的作用。
A．协调员工之间的关系　　　　　　B．增加职工福利
C．为员工创造发展空间　　　　　　D．调节企业与社会的关系
16．职业道德是人们事业成功的（　　）。
A．重要保证　　B．最终结果　　C．决定条件　　D．显著标志
17．下列选项中，关于职业道德与人们事业成功的关系的叙述中正确的是（　　）。

A．职业道德是人事业成功的重要条件
B．职业道德水平高的人肯定能够取得事业的成功
C．缺乏职业道德的人更容易获得事业的成功
D．人的事业成功与否与职业道德无关

18．职业道德与人们事业的关系是（　　）。
A．有职业道德的人一定能够获得事业成功
B．没有职业道德的人不会获得成功
C．事业成功的人往往具有较高的职业道德
D．缺乏职业道德的人往往更容易获得成功

19．正确阐述职业道德与人们事业的关系的选项是（　　）。
A．没有职业道德的人不会获得成功
B．要取得事业的成功，前提条件是要有职业道德
C．事业成功的人往往并不需要较高的职业道德
D．职业道德是人获得事业成功的重要条件

20．在职业交往活动中，符合仪表端庄具体要求的是（　　）。
A．着装华贵　　　　　　　　　B．适当化妆或戴饰品
C．饰品俏丽　　　　　　　　　D．发型要突出个性

21．职业道德活动中，对客人做到（　　）是符合语言规范的具体要求的。
A．言语细致，反复介绍　　　　B．语速要快，不浪费客人时间
C．用尊称，不用忌语　　　　　D．语气严肃，维护自尊

22．下列说法中，不符合语言规范具体要求的是（　　）。
A．语感自然，不呆板　　　　　B．用尊称，不用忌语
C．语速适中，不快不慢　　　　D．多使用幽默语言，调节气氛

23．在商业活动中，不符合待人热情要求的是（　　）。
A．严肃待客，表情冷漠　　　　B．主动服务，细致周到
C．微笑大方，不厌其烦　　　　D．亲切友好，宾至如归

24．爱岗敬业作为职业道德的重要内容，是指员工（　　）。
A．热爱自己喜欢的岗位　　　　B．热爱有钱的岗位
C．强化职业责任　　　　　　　D．不应多转行

25．市场经济条件下，不符合爱岗敬业要求的是（　　）的观念。
A．树立职业理想　　　　　　　B．强化职业责任
C．干一行爱一行　　　　　　　D．多转行多受锻炼

26．爱岗敬业的具体要求是（　　）。
A．看效益决定是否爱岗　　　　B．转变择业观念
C．提高职业技能　　　　　　　D．增强把握择业的机遇意识

27．对待职业和岗位，（　　）并不是爱岗敬业所要求的。
A．树立职业理想　　　　　　　B．干一行爱一行专一行
C．遵守企业的规章制度　　　　D．一职定终身，不改行

28. 市场经济条件下，（　　）不违反职业道德规范中关于诚实守信的要求。
   A．通过诚实合法劳动，实现利益最大化　　B．打进对手内部，增强竞争优势
   C．根据服务对象来决定是否遵守承诺　　D．凡有利于增大企业利益的行为就做
29. 下列关于诚实守信的认识和判断中，正确的选项是（　　）。
   A．一贯地诚实守信是不明智的行为
   B．诚实守信是维持市场经济秩序的基本法则
   C．是否诚实守信要视具体对象而定
   D．追求利益最大化原则高于诚实守信
30. 职工对企业诚实守信应该做到的是（　　）。
   A．忠诚所属企业，无论何种情况都始终把企业利益放在第一位
   B．维护企业信誉，树立质量意识和服务意识
   C．扩大企业影响，多对外谈论企业之事
   D．完成本职工作即可，谋划企业发展由有见识的人来做
31. （　　）是企业诚实守信的内在要求。
   A．维护企业信誉　　　　　　　　　　B．增加职工福利
   C．注重经济效益　　　　　　　　　　D．开展员工培训
32. 要做到办事公道，在处理公私关系时，要（　　）。
   A．公私不分　　B．假公济私　　C．公平公正　　D．先公后私
33. 办事公道是指从业人员在进行职业活动时要做到（　　）。
   A．追求真理，坚持原则　　　　　　　B．有求必应，助人为乐
   C．公私不分，一切平等　　　　　　　D．知人善任，提拔知己
34. 坚持办事公道，要努力做到（　　）。
   A．公私不分　　B．有求必应　　C．公正公平　　D．全面公开
35. 下列选项中属于办事公道的是（　　）。
   A．顾全大局，一切听从上级　　　　　B．大公无私，拒绝亲戚求助
   C．知人善任，努力培养知己　　　　　D．坚持原则，不计个人得失
36. 勤劳节俭的现代意义在于（　　）。
   A．勤劳节俭是促进经济和社会发展的重要手段
   B．勤劳是现代市场经济需要的，而节俭则不宜提倡
   C．节俭阻碍消费，因而会阻碍市场经济的发展
   D．勤劳节俭只有利于节省资源，但与提高生产效率无关
37. 下列关于勤劳节俭的论述中，不正确的选项是（　　）。
   A．勤劳节俭能够促进经济和社会发展
   B．勤劳是现代市场经济需要的，而节俭则不宜提倡
   C．勤劳和节俭符合可持续发展的要求
   D．勤劳节俭有利于企业增产增效
38. 下列关于勤劳节俭的论述中，不正确的选项是（　　）。
   A．企业可提倡勤劳，但不宜提倡节俭　　B．"一分钟应看成是八分钟"

C．勤劳节俭符合可持续发展的要求　　D．"节省一块钱，就等于净赚一块钱"

39．下列关于勤劳节俭的论述中，正确的选项是（　　）。
　　A．勤劳一定能使人致富　　　　　　B．勤劳节俭有利于企业持续发展
　　C．新时代需要巧干，不需要勤劳　　D．新时代需要创造，不需要节俭

40．职业纪律是企业的行为规范，职业纪律具有（　　）的特点。
　　A．明确的规定性　B．高度的强制性　C．通用性　　D．自愿性

41．企业员工违反职业纪律，企业（　　）。
　　A．不能做罚款处罚
　　B．因员工受劳动合同保护，不能给予处分
　　C．视情节轻重，做出恰当处分
　　D．警告往往效果不大

42．职业纪律是从事这一职业的员工应该共同遵守的行为准则，它包括的内容有（　　）。
　　A．交往规则　　B．操作程序　　C．群众观念　　D．外事纪律

43．企业生产经营活动中，要求员工遵纪守法是（　　）。
　　A．约束人的体现　　　　　　　　　B．保证经济活动正常进行所决定的
　　C．领导者人为的规定　　　　　　　D．追求利益的体现

44．在企业的活动中，（　　）不符合平等尊重的要求。
　　A．根据员工技术专长进行分工
　　B．对待不同服务对象采取一视同仁的服务态度
　　C．师徒之间要平等和互相尊重
　　D．取消员工之间的一切差别

45．在日常接待工作中，对待不同服务对象，态度应真诚热情、（　　）。
　　A．尊卑有别　　B．女士优先　　C．一视同仁　　D．外宾优先

46．企业员工在生产经营活动中，不符合平等尊重要求的是（　　）。
　　A．真诚相待，一视同仁　　　　　　B．互相借鉴，取长补短
　　C．男女有序，尊卑有别　　　　　　D．男女平等，友爱亲善

47．企业生产经营活动中，促进员工之间平等尊重的措施是（　　）。
　　A．互利互惠，平均分配　　　　　　B．加强交流，平等对话
　　C．只要合作，不要竞争　　　　　　D．人心叵测，谨慎行事

48．下列关于创新的论述中正确的是（　　）。
　　A．创新就是出新花样　　　　　　　B．创新就是独立自主
　　C．创新是企业进步的灵魂　　　　　D．创新不需要引进外国的新技术

49．下列关于创新的论述，不正确的说法是（　　）。
　　A．创新需要"标新立异"　　　　　　B．服务也需要创新
　　C．创新是企业进步的灵魂　　　　　D．引进别人的新技术不算创新

50．下列关于创新的论述的正确是（　　）。
　　A．不墨守成规，但也不可标新立异
　　B．企业经不起折腾，大胆地闯早晚会出问题

C．创新是企业发展的动力

　　　D．创新需要灵感，但不需要情感

51．企业创新要求员工努力做到（　　）。

　　　A．不能墨守成规，但也不能标新立异

　　　B．大胆地破除现有的结论，自创理论体系

　　　C．大胆地尝试大胆地闯，敢于提出新问题

　　　D．激发人的灵感，遏制冲动和情感

（二）判断题

1．职业道德具有自愿性的特点。（　　）
2．职业道德不倡导人们的牟利最大化观念。（　　）
3．在市场经济条件下，克服利益导向是职业道德社会功能的表现。（　　）
4．企业文化的功能包括娱乐功能。（　　）
5．企业文化对企业具有整合的功能。（　　）
6．职业道德对企业起到增强竞争力的作用。（　　）
7．向企业员工灌输的职业道德太多了，容易使员工产生谨小慎微的观念。（　　）
8．职业道德是人们事业成功的重要条件。（　　）
9．事业成功的人往往具有较高的职业道德。（　　）
10．员工在职业交往活动中，尽力在服饰上突出个性是符合仪表端庄具体要求的。（　　）
11．职业道德活动中做到表情冷漠、严肃待客是符合职业道德规范要求的。（　　）
12．爱岗敬业作为职业道德的内在要求，指的是员工要热爱自己喜欢的工作岗位。（　　）
13．市场经济条件下，应该树立多转行多学知识多长本领的择业观念。（　　）
14．市场经济条件下，根据服务对象来决定是否遵守承诺并不违反职业道德规范中关于诚实守信的要求。（　　）
15．在职业活动中一贯地诚实守信会损害企业的利益。（　　）
16．要做到办事公道，在处理公私关系时，要公私不分。（　　）
17．办事公道是指从业人员在进行职业活动时要做到助人为乐，有求必应。（　　）
18．勤劳节俭虽然有利于节省资源，但不能促进企业的发展。（　　）
19．市场经济时代，勤劳是需要的，而节俭则不宜提倡。（　　）
20．职业纪律是企业的行为规范，职业纪律具有随意性的特点。（　　）
21．职业纪律中包括群众纪律。（　　）
22．企业活动中，师徒之间要平等和互相尊重。（　　）
23．在日常接待工作中，对待不同服务对象，采取一视同仁的服务态度。（　　）
24．服务也需要创新。（　　）
25．创新既不能墨守成规，也不能标新立异。（　　）

二、基础知识

（一）选择题

1. 电路的作用是实现能量的（　　）和转换、信号的传递和处理。
   A．连接　　　　B．传输　　　　C．控制　　　　D．传送
2. 一般规定（　　）移动的方向为电流的方向。
   A．正电荷　　　B．负电荷　　　C．电荷　　　　D．正电荷或负电荷
3. 一般规定正电荷移动的方向为（　　）的方向。
   A．电动势　　　B．电流　　　　C．电压　　　　D．电位
4. 在电源内部电动势由（　　），即从低电位指向高电位。
   A．正极指向正极　　　　　　　B．负极指向负极
   C．负极指向正极　　　　　　　D．正极指向负极
5. 电压的方向规定由（　　）。
   A．低电位点指向高电位点　　　B．高电位点指向低电位点
   C．低电位指向高电位　　　　　D．高电位指向低电位
6. 电位是相对量，随参考点的改变而改变，而电压是（　　），不随考点的改变而改变。
   A．衡量　　　　B．变量　　　　C．绝对量　　　D．相对量
7. 电阻器反映导体对电流起阻碍作用的大小，简称电阻，用字母（　　）表示。
   A．R　　　　 B．ρ　　　　 C．Ω　　　　D．R_P
8. 电阻器反映导体对（　　）起阻碍作用的大小，简称电阻。
   A．电压　　　　B．电动势　　　C．电流　　　　D．电阻率
9. 部分电路欧姆定律反映了在（　　）的一段电路中电流与这段电路两端的电压及电阻的关系。
   A．含电源　　　　　　　　　　B．不含电源
   C．含电源和负载　　　　　　　D．不含电源和负载
10. （　　）反映了在不含电源的一段电路中，电流与这段电路两端的电压及电阻的关系。
    A．欧姆定律　　　　　　　　　B．楞次定律
    C．部分电路欧姆定律　　　　　D．全欧姆定律
11. （　　）的电阻首尾依次相连，中间无分支的连接方式叫电阻的串联。
    A．两个或两个以上　　　　　　B．两个
    C．两个以上　　　　　　　　　D．一个或一个以上
12. 串联电路中流过每个电阻的电流都（　　）。
    A．电流之和　　　　　　　　　B．相等
    C．等于各电阻流过的电流之和　D．分配的电流与各电阻值成正比
13. 并联电路中的总电流等于各电阻中的（　　）。
    A．倒数之和　　　　　　　　　B．相等
    C．电流之和　　　　　　　　　D．分配的电流与各电阻值成正比

14. （　　）的一端连在电路中的一点，另一端也同时连在另一点，使每个电阻两端都承受相同的电压，这种连接方式叫电阻的并联。
　　A．两个相同电阻　　　　　　　　　　B．一大一小电阻
　　C．几个相同大小的电阻　　　　　　　D．几个电阻
15. 电功的数学表达式不正确的是（　　）。
　　A．$W=U_t$　　B．$W=UI_t$　　C．$W=P_t$　　D．$W=I^2R_t$
16. 电功率的常用的单位有（　　）。
　　A．瓦　　　　B．千瓦　　　　C．毫瓦　　　　D．瓦、千瓦、毫瓦
17. 电流流过负载时，负载将电能转换成（　　）。
　　A．机械能　　B．热能　　　　C．光能　　　　D．其他形式的能
18. 使用电解电容时（　　）。
　　A．负极接高电位，正极接低电位　　　B．正极接高电位，负极接低电位
　　C．负极接高电位，负极也可以接高电位　D．不分正负极
19. 电容器串联时每个电容器上的电荷量（　　）。
　　A．之和　　　B．相等　　　　C．倒数之和　　D．成反比
20. 电容器并联时总电荷等于各电容器上的电荷量（　　）。
　　A．相等　　　B．倒数之和　　C．成反比　　　D．之和
21. 当 RLC 串联电路发生谐振时，其电流、电压的相位差为（　　）。
　　A．0°　　　　B．30°　　　　C．60°　　　　D．90°
22. 一电压有效值为 U_1 的正弦交流电源经过单相半波整流后的电压有效值 U_2 为（　　）。
　　A．$U_2=0.9U_1$　　B．$U_2=U_1$　　C．$U_2=1.2U_1$　　D．$U_2=0.45U_1$
23. 电容在过渡过程中，电容的（　　）。
　　A．流经的电流不能突变　　　　　　　B．两端的电压不能突变
　　C．容量不能突变　　　　　　　　　　D．容抗不能突变
34. 在（　　），磁力线由 S 极指向 N 极。
　　A．磁场外部　　B．磁体内部　　C．磁场两端　　D．磁场一端到另一端
25. 用右手握住通电导体，让拇指指向电流方向，则弯曲四指的指向就是（　　）。
　　A．磁感应　　B．磁力线　　　C．磁通　　　　D．磁场方向
26. 把垂直穿过磁场中某一截面的磁力线条数叫做磁通或磁通量，单位为（　　）。
　　A．T　　　　B．Φ　　　　　C．H/m　　　　D．A/m
27. 单位面积上垂直穿过的磁力线数叫做（　　）。
　　A．磁通或磁通量　B．磁导率　　C．磁感应强度　D．磁场强度
28. 磁场强度的方向和所在点的（　　）的方向一致。
　　A．磁通或磁通量　B．磁导率　　C．磁场强度　　D．磁感应强度
29. 通电导体在磁场中所受的作用力称为电磁力，用（　　）表示。
　　A．F　　　　B．B　　　　C．I　　　　D．L
30. 当直导体和磁场垂直时，电磁力的大小与直导体电流大小成（　　）。
　　A．反比　　　B．正比　　　　C．相等　　　　D．相反

31. 当直导体和磁场垂直时，与直导体在磁场中的有效长度、所在位置的磁感应强度成（　　）。
    A．相等　　　　B．相反　　　　C．正比　　　　D．反比
32. 通电直导体在磁场中所受力方向，可以通过（　　）来判断。
    A．右手定则、左手定则　　　　B．楞次定律
    C．右手定则　　　　　　　　　D．左手定则
33. 变化的磁场能够在导体中产生感应电动势，这种现象叫（　　）。
    A．电磁感应　　B．电磁感应强度　C．磁导率　　　D．磁场强度
34. 穿越线圈回路的磁通发生变化时，线圈两端就产生（　　）。
    A．电磁感应　　B．感应电动势　　C．磁场　　　　D．电磁感应强度
35. 当线圈中的磁通增加时，感应电流产生的磁通与原磁通方向（　　）。
    A．正比　　　　B．反比　　　　C．相反　　　　D．相同
36. 一般在交流电的解析式中所出现的 α，都是指（　　）。
    A．电角度　　　B．感应电动势　　C．角速度　　　D．正弦电动势
37. 正弦量的平均值与最大值之间的关系不正确的是（　　）。
    A．对正弦波正半轴积分所得的值为平均值
    B．正弦波的峰值是最大值
    C．平均值与最大值不相等
    D．平均值与最大值相等
38. 正弦交流电常用的表达方法有（　　）。
    A．解析式表示法　B．波形图表示法　C．相量表示法　D．以上都是
39. 电感两端的电压超前电流（　　）。
    A．90°　　　　B．180°　　　　C．360°　　　　D．30°
40. 电容两端的电压滞后电流（　　）。
    A．30°　　　　B．90°　　　　C．180°　　　　D．360°
41. 三相电动势到达最大的顺序是不同的，这种达到最大值的先后次序，称三相电源的相序，若最大值出现的顺序为 V-U-W-V，称为（　　）。
    A．正序　　　　B．负序　　　　C．顺序　　　　D．相序
42. 相线与相线间的电压称线电压。它们的相位相差（　　）。
    A．45°　　　　B．90°　　　　C．120°　　　　D．180°
43. 变压器是将一种交流电转换成（　　）的另一种交流电的静止设备。
    A．同频率　　　B．不同频率　　C．同功率　　　D．不同功率
44. 变压器具有改变（　　）的作用。
    A．交变电压　　B．交变电流　　C．变换阻抗　　D．以上都是
45. 将变压器的一次侧绕组接交流电源，二次侧绕组与（　　）连接，这种运行方式称为（　　）运行。
    A．空载　　　　B．过载　　　　C．满载　　　　D．负载
46. 当 $\omega t=0°$ 时，$i_1=\sin(\omega t+0°)$、$i_2=\sin(\omega t+270°)$、$i_3=\sin(\omega t+90°)$ 分别为（　　）。

A. 0、负值、正值 B. 0、正值、负值
C. 负值、0、正值 D. 负值、正值、0

47. 当 $\omega t=120°$ 时，$i_1=\sin(\omega t+60°)$、$i_2=\sin(\omega t+90°)$、$i_3=\sin(\omega t+30°)$ 分别为（　　）。
A. 0、负值、正值 B. 0、正值、负值
C. 负值、0、正值 D. 负值、正值、0

48. 当 $\omega t=240°$ 时，$i_1=\sin(\omega t+120°)$、$i_2=\sin(\omega t+30°)$、$i_3=\sin(\omega t+200°)$ 分别为（　　）。
A. 0、负值、正值 B. 0、正值、负值
C. 负值、0、正值 D. 负值、正值、0

49. 当 $\omega t=360°$ 时，$i_1=\sin(\omega t+0°)$、$i_2=\sin(\omega t+270°)$、$i_3=\sin(\omega t+90°)$ 分别为（　　）。
A. 0、负值、正值 B. 0、正值、负值
C. 负值、0、正值 D. 负值、正值、0

50. 低压断路器的额定电压和额定电流应（　　）线路的正常工作电压和计算负载电流。
A. 不小于　　B. 小于　　C. 等于　　D. 大于

51. 热脱扣器的整定电流应（　　）所控制负载的额定电流。
A. 不小于　　B. 等于　　C. 小于　　D. 大于

52. 电磁脱扣器的瞬时脱扣整定电流应（　　）负载正常工作时可能出现的峰值电流。
A. 小于　　B. 等于　　C. 大于　　D. 不小于

53. 当外加的电压超过死区电压时，电流随电压增加而迅速（　　）。
A. 增加　　B. 减小　　C. 截止　　D. 饱和

54. 导通后二极管两端电压变化很小，硅管约为（　　）。
A. 0.5V　　B. 0.7V　　C. 0.3V　　D. 0.1V

55. 导通后二极管两端电压变化很小，锗管约为（　　）。
A. 0.5V　　B. 0.7V　　C. 0.3V　　D. 0.1V

56. 当二极管外加电压时，反向电流很小，且不随（　　）变化。
A. 正向电流　　B. 正向电压　　C. 电压　　D. 反向电压

57. 三极管放大区的放大条件为（　　）。
A. 发射结正偏，集电结反偏 B. 发射结反偏或零偏，集电结反偏
C. 发射结和集电结正偏 D. 发射结和集电结反偏

58. 三极管饱和区的放大条件为（　　）。
A. 发射结正偏，集电结反偏 B. 发射结反偏或零偏，集电结反偏
C. 发射结和集电结正偏 D. 发射结和集电结反偏

59. 由三极管组成的放大电路，主要作用是将微弱的电信号（　　）放大成为所需要的较强的电信号。
A. 电流或电压　　B. 电压　　C. 电流　　D. 电压、电流

60. 三极管的静态工作点 Q，用（　　）的组合值描述。
A. $I_B \backslash I_C \backslash U_{CE}$　　B. $I_E \backslash I_C \backslash U_{CE}$　　C. $I_B \backslash I_C \backslash U_{BE}$　　D. $I_E \backslash I_C \backslash U_{BE}$

61. 三极管组成放大电路时，三极管工作在（　　）状态。
A. 截止　　B. 放大　　C. 饱和　　D. 导通

62. 当三极管基极和发射极间的电压 U_{BE}=0.7V 时，三极管工作在（　　）状态。
    A．截止　　　　　B．饱和　　　　　C．放大　　　　　D．开关闭合

63. 常用的稳压电路有（　　）等。
    A．稳压管并联型稳压电路　　　　　B．串联型稳压电路
    C．开关型稳压电路　　　　　　　　D．以上都是

64. 稳压管虽然工作在反向击穿区，但只要（　　）不超过允许值，PN 结不会过热而损坏。
    A．电压　　　　　B．反向电压　　　C．电流　　　　　D．反向电流

65. 维修电工以（　　）、安装接线图和平面布置最为重要。
    A．电气原理图　　B．电气设备图　　C．电气安装图　　D．电气组装图

66. 读图的基本步骤有：看图样说明，（　　），看安装接线图。
    A．看主电路　　　B．看电路图　　　C．看辅助电路　　D．看交流电路

67. 定子绕组串电阻的降压启动是指电动机启动时，把电阻（　　）在电动机定子绕组与电源之间，通过电阻的分压作用来降低定子绕组上的启动电压。
    A．串接　　　　　B．反接　　　　　C．串联　　　　　D．并联

68. Y-D 降压启动的指电动机启动时，把（　　）联结成 Y 形，以降低启动电压，限制启动电流。
    A．定子绕组　　　B．电源　　　　　C．转子　　　　　D．定子和转子

69. 按钮联锁正反转控制线路的优点是操作方便，缺点是容易产生电源两相短路事故。在实际工作中，经常采用按钮，接触器双重联锁（　　）控制线路。
    A．点动　　　　　B．自锁　　　　　C．顺序启动　　　D．正反转

70. 启动按钮优先选用（　　）色按钮，停止按钮优先选用（　　）色按钮。
    A．绿、红　　　　B．黑、红　　　　C．红、绿　　　　D．白、黑

71. 两地控制时应将两地的停止按钮（　　）。
    A．串联　　　　　B．并联　　　　　C．互锁　　　　　D．联锁

72. 两地控制时应将两地的启动按钮（　　）。
    A．串联　　　　　B．并联　　　　　C．互锁　　　　　D．联锁

73. 两地控制时应将两地的（　　）按钮串联。
    A．启动　　　　　B．停止　　　　　C．互锁　　　　　D．联锁

74. 若被测电流不超过测量机构的允许值，可将表头直接与负载（　　）。
    A．正接　　　　　B．反接　　　　　C．串联　　　　　D．并联

75. 若被测电流超过测量机构的允许值，就需要在表头上（　　）一个称为分流器的低值电阻。
    A．正接　　　　　B．反接　　　　　C．串联　　　　　D．并联

76. 测量电压时，电压表应与被测电路（　　）。
    A．并联　　　　　B．串联　　　　　C．正接　　　　　D．反接

77. 电压表的内阻（　　）被测负载的电阻。
    A．远小于　　　　B．远大于　　　　C．等于　　　　　D．大于等于

78．多量程的（　　）是在表内备有可供选择的多种阻值倍压器的电压表。
　　A．电流表　　　　B．电阻表　　　　C．电压表　　　　D．万用表
79．多量程的电压表是在表内备有可供选择的（　　）阻值倍压器的电压表。
　　A．一种　　　　　B．两种　　　　　C．三种　　　　　D．多种
80．交流电压的量程有10V，100V，500V三挡。用毕应将万用表的转换开关转到（　　），以免下次使用不慎而损坏电表。
　　A．低电阻挡　　　B．低电阻挡　　　C．低电压挡　　　D．高电压挡
81．万用表的接线方法与直流电流表一样，应把万用表串联在电路中。测量直流电压时，应把万用表与被测电路（　　）。
　　A．串联　　　　　B．并联　　　　　C．正接　　　　　D．反接
82．绝缘材料的耐热等级和允许最高温度中，等级代号是1，耐热等级A，它的允许温度是（　　）。
　　A．90°　　　　　B．105°　　　　　C．120°　　　　　D．130°
83．各种绝缘材料的机械强度的各种指标是（　　）等各种强度指标。
　　A．抗张、抗压、抗弯　　　　　　　B．抗剪、抗撕、抗冲击
　　C．抗张，抗压　　　　　　　　　　D．含A、B两项
84．电动机是使用最普遍的电气设备之一，一般在（　　）额定负载下运行时效率最高，功率因数大。
　　A．70%～95%　　B．80%～90%　　C．65%～70%　　D．75%～95%
85．工件尽量夹在钳口（　　）。
　　A．上端位置　　　B．中间位置　　　C．下端位置　　　D．左端位置
86．（　　）适用于狭长平面以及加工余量不大时的锉削。
　　A．顺向锉　　　　B．交叉锉　　　　C．推锉　　　　　D．曲面锉削
87．当锉刀拉回时，应（　　），以免磨钝锉齿或划伤工件表面。
　　A．轻轻划过　　　B．稍微抬起　　　C．抬起　　　　　D．拖回
88．锉刀很脆，（　　）当撬棒或锤子使用。
　　A．可以　　　　　B．许可　　　　　C．能　　　　　　D．不能
89．台钻是一种小型钻床，用来钻直径（　　）以下的孔。
　　A．10mm　　　　B．11mm　　　　C．12mm　　　　D．13mm
90．钻夹头用来装夹直径（　　）以下的钻头。
　　A．10mm　　　　B．11mm　　　　C．12mm　　　　D．13mm
91．钻夹头的松紧必须用专用（　　），不准用锤子或其他物品敲打。
　　A．工具　　　　　B．扳子　　　　　C．钳子　　　　　D．钥匙
92．用手电钻钻孔时，要带（　　）穿绝缘鞋。
　　A．口罩　　　　　B．帽子　　　　　C．绝缘手套　　　D．眼镜
93．普通螺纹的牙形角是（　　）度，英制螺纹的牙形角是55度。
　　A．50　　　　　　B．55　　　　　　C．60　　　　　　D．65
94．在开始功螺纹或套螺纹时，要尽量把丝锥或板牙方正，当切入（　　）圈时，再仔

细观察和校正对工件的垂直度。

A．0~1　　　　B．1~2　　　　C．2~3　　　　D．3~4

95．丝锥的校准部分具有（　　）的牙形。

A．较大　　　　B．较小　　　　C．完整　　　　D．不完整

（二）判断题

1．电路的作用是实现能量的传输和转换、信号的传递和处理。（　　）

2．电路的作用是实现电流的传输和转换、信号的传递和处理。（　　）

3．一般规定正电荷移动的方向为电流的方向。（　　）

4．在电源内部由正极指向负极，即从低电位指向高电位。（　　）

5．电压的方向规定由高电位点指向低电位点。（　　）

6．电压的方向规定由低电位点指向高电位点。（　　）

7．电阻器反映导体对电流起阻碍作用的大小，简称电阻。（　　）

8．电阻器反映导体对电压起阻碍作用的大小，简称电阻。（　　）

9．流过电阻的电流与电阻两端电压成正比，与电路的电阻成反比。（　　）

10．部分电路欧姆定律反映了在含电源的一段电路中，电流与这段电路两端的电压及电阻的关系。（　　）

11．两个或两个以上的电阻首尾依次相连，中间无分支的连接方式叫电阻的串联。（　　）

12．几个相同大小的电阻的一端连在电路中的一点，另一端也同时连在另一点，使每个电阻两端都承受相同的电压，这种连接方式叫电阻的并联。（　　）

13．电流流过负载时，负载将电能转换成其他形式的能。电能转换成其他形式的能的过程，叫做电流做功，简称电功。（　　）

14．电流流过负载时，负载将电能转换成热能。电能转换成热能的过程，叫做电流做的功，简称电功。（　　）

15．电解电容有正，负极，使用时正极接高电位，负极接低电位。（　　）

16．电解电容有正，负极，使用时负极接高电位，正极接低电位。（　　）

17．电压表的读数公式为：$U = E - Ir$。（　　）

18．电压表的读数公式为：$U = E + I$。（　　）

19．在磁场外部，磁力线由 N 极指向 S 极；在磁场内部，磁力线由 S 极指向 N 极。（　　）

20．用左手握住通电导体，让拇指指向电流方向，则弯曲四指的指向就是磁场方向。（　　）

21．磁场强度只决定于电流的大小和线圈的几何形状，与磁介质无关，而磁感应强度与磁导率有关。（　　）

22．磁感应强度只决定于电流的大小和线圈的几何形状，与磁介质无关，而磁感应强度与磁导率有关。（　　）

23．通电直导体在磁场中所受力方向，可以通过左手定则来判断。（　）
24．通电直导体在磁场中所受力方向，可以通过右手定则来判断。（　）
25．感应电流产生的磁通总是阻碍原磁通的变化。（　）
26．感应电流产生的磁通不阻碍原磁通的变化。（　）
27．交流电是指大小和方向随时间作周期变化的电动势。交流电分为正弦交流电和非正弦交流电两大类，应用最普遍的是正弦交流电。（　）
28．交流电是指大小和方向随时间作周期变化的电动势。交流电分为正弦交流电和非正弦交流电两大类，应用最普遍的是非正弦交流电。（　）
29．频率越高或电感越大，则感抗越大，对交流电的阻碍作用越大。（　）
30．电容两端的电压超前电流90°。（　）
31．三相四线制供电网络，线电压为220V。（　）
32．三相四线制供电网络，相电压为220V。（　）
33．变压器是将一种交流电转换成同频率的另一种交流电的静止设备。（　）
34．变压器是将一种交流电转换成同频率的另一种直流电的静止设备。（　）
35．变压器是根据电磁感应原理而工作的，它只改变交流电压，不能改变直流电压。（　）
36．变压器是根据电磁感应原理而工作的，它能改变交流电压和直流电压。（　）
37．规定电流的参考方向由首端流进，从末端流出。（　）
38．三相异步电动机的定子电流频率都为工频50Hz。（　）
39．电磁脱扣器的瞬时脱扣整定电流应大于负载正常工作时可能出现的峰值电流。（　）
40．启动按钮优先选用绿色按钮；急停按钮应选用红色按钮，停止按钮优先选用红色按钮。（　）
41．当二极管外加电压时，反向电流很小，且不随反向电压变化。（　）
42．二极管具有单向导电性，是线性元件。（　）
43．三极管放大区的放大条件为发射结正偏，集电结反偏。（　）
44．三极管放大区的放大条件为发射结反偏或零偏，集电结反偏。（　）
45．由三极管组成的放大电路，主要作用是将微弱的电信号（电压、电流）放大成为所需要的较强的电信号。（　）
46．由三极管组成的放大电路，主要作用是将微弱的电信号放大成为所需要的较强的电信号。（　）
47．串联型稳压电源中，调整管与负载之间是并联的关系。（　）
48．串联型稳压电源中，调整管与负载之间是串联的关系。（　）
49．维修电工以电气原理图、安装接线图和平面布置图最为重要。（　）
50．技术人员以电气原理图、安装接线图和平面布置图最为重要。（　）
51．读图的基本步骤有：图样说明，看电路图，看安装接线图。（　）
52．读图的基本步骤有：看图样说明，看主电路，看安装接线。（　）

第二章　初级维修电工鉴定指南

53．定子绕组串电阻的降压启动是指电动机启动时，把申阻串接在电动机定子绕组与电源之间，通过申阻的分压作用来降低定子绕组上的启动电压。（　　）

54．定子绕组串电阻的降压启动是指电动机启动时，把电阻串接在电动机定子绕组与电源之间，通过电阻的分压作用来提高定子绕组上的启动电压。（　　）

55．Y—D降压启动的指电动机启动时，把定子绕组联结成Y形，以降低启动电压，限制启动电流。待电动机启动后，再把定子绕组改成D形，使电动机全压运行。（　　）

56．Y—D降压启动的指电动机启动时，把定子绕组联结成Y形，以降低启动电压，限制启动电流。待电动机启动后，再把定子绕组改成D形，使电动机降压运行。（　　）

57．按钮联锁正反转控制线路的优点是操作方便，缺点是容易产生电源两相短路事故。在实际工作中，经常采用按钮、接触器双重联锁正反转控制线路。（　　）

58．按钮联锁正反转控制线路的优点是操作方便，缺点是容易产生电源两相断路事故。在实际工作中，经常采用按钮、接触器双重联锁正反转控制线路。（　　）

59．游标卡尺测量前应清理干净，并将两量爪合并，检查游标卡尺的精度情况。（　　）

60．游标卡尺测量前应清理干净，并将两量爪合并，检查游标卡尺的松紧情况。（　　）

61．测量电流时应把电流表串联在被测电路中。（　　）

62．电流表的内阻应远大于电路的负载电阻。（　　）

63．测量电压时，电压表应与被测电路并联。电压表的内阻远大于被测负载的电阻。多量程的电压表是在表内备有可供选择的多种阻值倍压器的电压表。（　　）

64．测量电压时，电压表应与被测电路串联。电压表的内阻远大于被测负载的电阻。多量程的电压表是在表内备有可供选择的多种阻值倍压器的电压表。（　　）

65．交流电压的量程有10V，100V，500V三挡。用毕应将万用表的转换开关转到高电压挡，以免下次使用不慎而损坏电表。（　　）

66．交流电压的量程有10V，100V，500V三挡。用毕应将万用表的转换开关转到低电压挡，以免下次使用不慎而损坏电表。（　　）

67．各种绝缘材料的机械强度的各种指标是抗张，抗压，抗弯，抗剪，抗撕，抗冲击等各种强度指标。（　　）

68．各种绝缘材料的绝缘电阻强度的各种指标是抗张，抗压，抗弯，抗剪，抗撕，抗冲击等各种强度指标。（　　）

69．电动机是使用最普遍的电气设备之一，一般在70%～95%额定负载下运行时，效率最高，功率因数大。（　　）

70．普通螺纹的牙形角是55度，英制螺纹的牙形角是60度。（　　）

71．锉刀很脆，可以当撬棒或锤子使用。（　　）

72．当锉刀拉回时，应稍微抬起，以免磨钝锉齿或划伤工件表面。（　　）

73．用手电钻钻孔时，要带绝缘手套穿绝缘鞋。（　　）

74．钻夹头用来装夹直径12mm以下的钻头。（　　）

75．在开始攻螺纹或套螺纹时，要尽量把丝锥或板牙放正，当切入1～2圈时，再仔细观察和校正对工件的垂直度。

三、劳动保护与安全文明生产

（一）选择题

1．通常，（　　）的工频电流通过人体时，就会有不舒服的感觉。
　　A．0.1mA　　　B．1mA　　　C．2mA　　　D．4mA
2．（　　）的工频电流通过人体时，人体尚可摆脱，称为摆脱电流。
　　A．0.1mA　　　B．1mA　　　C．5mA　　　D．10mA
3．（　　）的工频电流通过人体时，就会有生命危险。
　　A．0.1mA　　　B．1mA　　　C．15mA　　　D．50mA
4．当流过人体的电流达到（　　）时，就足以使人死亡。
　　A．0.1mA　　　B．1mA　　　C．15mA　　　D．100mA
5．如果人体直接接触带电设备及线路的一相时，电流通过人体而发生的触电现象称为（　　）。
　　A．单相触电　　　　　　　　B．两相触电
　　C．接触电压触电　　　　　　D．跨步电压触电
6．人体同时触及带电设备及线路的两相导体的触电现象，称为（　　）。
　　A．单相触电　　　　　　　　B．两相触电
　　C．接触电压触电　　　　　　D．跨步电压触电
7．人体（　　）是最危险的触电形式。
　　A．单相触电　　　　　　　　B．两相触电
　　C．接触电压触电　　　　　　D．跨步电压触电
8．在供电为短路接地的电网系统中，人体触及外壳带电设备的一点同站立地面一点之间的电位差称为（　　）。
　　A．单相触电　　　　　　　　B．两相触电
　　C．接触电压触电　　　　　　D．跨步电压触电
9．机床照明、移动行灯等设备，使用的安全电压为（　　）。
　　A．9V　　　B．12V　　　C．24V　　　D．36V
10．手持电动工具使用时的安全电压为（　　）。
　　A．9V　　　B．12V　　　C．24V　　　D．36V
11．潮湿场所的电气设备使用时的安全电压为（　　）。
　　A．9V　　　B．12V　　　C．24V　　　D．36V
12．凡工作地点狭窄、工作人员活动困难，周围有大面积接地导体或金属构架，因而存在高度触电危险的环境以及特别的场所，则使用时的安全电压为（　　）。
　　A．9V　　　B．12V　　　C．24V　　　D．36V
13．电气设备维修值班一般应有（　　）以上。
　　A．1人　　　B．2人　　　C．3人　　　D．4人
14．电气设备的巡视一般均由（　　）进行。
　　A．1人　　　B．2人　　　C．3人　　　D．4人

15. 高压设备室内不得接近故障点（　　）以内。
    A．1m　　　　　B．2m　　　　　C．3m　　　　　D．4m
16. 高压设备室外不得接近故障点（　　）以内。
    A．5m　　　　　B．6m　　　　　C．7m　　　　　D．8m
17. 与环境污染相关且并称的概念是（　　）。
    A．生态破坏　　　　　　　　　B．电磁辐射污染
    C．电磁噪声污染　　　　　　　D．公害
18. 与环境污染相近的概念是（　　）。
    A．生态破坏　　　　　　　　　B．电磁幅射污染
    C．电磁噪声污染　　　　　　　D．公害
19. 下列污染形式中不属于公害的是（　　）。
    A．地面沉降　　B．恶臭　　　　C．水土流失　　D．振动
20. 下列污染形式中不属于生态破坏的是（　　）。
    A．森林破坏　　B．水土流失　　C．水源枯竭　　D．地面沉降
21. 下列电磁污染形式中不属于人为的电磁污染的是（　　）。
    A．脉冲放电　　　　　　　　　B．电磁场
    C．射频电磁污染　　　　　　　D．磁暴
22. 下列电磁污染形式不属于人为的电磁污染的是（　　）。
    A．脉冲放电　　　　　　　　　B．电磁场
    C．射频电磁污染　　　　　　　D．地震
23. 下列电磁污染形式不属于人为的电磁污染的是（　　）。
    A．脉冲放电　　　　　　　　　B．电磁场
    C．射频电磁污染　　　　　　　D．火山爆发
24. 下列电磁污染形式不属于自然的电磁污染的是（　　）。
    A．火山爆发　　B．地震　　　　C．雷电　　　　D．射频电磁污染
25. 噪声可分为气体动力噪声，机械噪声和（　　）。
    A．电力噪声　　B．水噪声　　　C．电气噪声　　D．电磁噪声
26. 噪声可分为（　　），机械噪声和电磁噪声。
    A．电力噪声　　B．水噪声　　　C．电气噪声　　D．气体动力噪声
27. 噪声可分为气体动力噪声，（　　）和电磁噪声。
    A．电力噪声　　B．水噪声　　　C．电气噪声　　D．机械噪声
28. 收音机发出的交流声属于（　　）。
    A．机械噪声　　B．气体动力噪声　C．电磁噪声　　D．电力噪声
29. 下列控制声音传播的措施中（　　）不属于吸声措施。
    A．用薄板悬挂在室内　　　　　B．用微穿孔板悬挂在室内
    C．将多孔海绵板固定在室内　　D．在室内使用隔声罩
30. 下列控制声音传播的措施中（　　）不属于隔声措施。
    A．在室内使用双层门　　　　　B．在室内使用多层门

C．采用双层窗 D．将多孔海绵板固定在室内

31．下列控制声音传播的措施中（　　）不属于消声措施。
    A．使用吸声材料 B．采用声波反射措施
    C．电气设备安装消声器 D．使用个人防护用品

32．下列控制声音传播的措施中（　　）不属于个人防护措施。
    A．使用耳塞 B．使用耳罩 C．使用耳棉 D．使用隔声罩

33．对于每个职工来说，质量管理的主要内容有岗位的（　　）、质量目标、质量保证措施和质量责任等。
    A．信息反馈 B．质量水平 C．质量记录 D．质量要求

34．岗位的质量要求，通常包括操作程序，工作内容，工艺规程及（　　）等。
    A．工作计划 B．工作目的 C．参数控制 D．工作重点

35．劳动者的基本权利包括（　　）等。
    A．完成劳动任务 B．提高职业技能
    C．执行劳动安全卫生规程 D．获得劳动报酬

36．劳动者的基本权利包括（　　）等。
    A．完成劳动任务 B．提高生活水平
    C．执行劳动安全卫生规程 D．享有社会保险和福利

37．劳动者的基本权利包括（　　）等。
    A．完成劳动任务 B．提高职业技能
    C．请假外出 D．提请劳动争议处理

38．劳动者的基本权利包括（　　）等。
    A．完成劳动任务 B．提高职业技能
    C．遵守劳动纪律和职业道德 D．接受职业技能培训

39．劳动者的基本义务包括（　　）等。
    A．遵守劳动纪律 B．获得劳动报酬
    C．休息 D．休假

40．劳动者的基本义务包括（　　）等。
    A．完成劳动任务 B．获得劳动报酬
    C．休息 D．休假

41．劳动者的基本义务包括（　　）等。
    A．提高职业技能 B．获得劳动报酬
    C．休息 D．休假

42．劳动者的基本义务包括（　　）等。
    A．执行劳动安全卫生规程 B．超额完成工作
    C．休息 D．休假

43．劳动者解除劳动合同，应当提前（　　）以书面形式通知用人单位。
    A．5日 B．10日 C．15日 D．30日

44．根据劳动法的有关规定，（　　），劳动者可以随时通知用人单位解除劳动合同。

A．在试用期间被证明不符合录用条件的

　　B．严重违反劳动纪律或用人单位规章制度的

　　C．严重失职、营私舞弊，对用人单位利益造成重大损害的

　　D．在试用期内

45．根据劳动法的有关规定，（　　），劳动者可以随时通知用人单位解除劳动合同。

　　A．在试用期间被证明不符合录用条件的

　　B．严重违反劳动纪律或用人单位规章制度的

　　C．严重失职、营私舞弊，对用人单位利益造成重大损害的

　　D．用人单位以暴力、威胁或者非法限制人身自由的手段强迫劳动的

46．根据劳动法的有关规定，（　　），劳动者可以随时通知用人单位解除劳动合同。

　　A．在试用期间被证明不符合录用条件的

　　B．严重违反劳动纪律或用人单位规章制度的

　　C．严重失职、营私舞弊，对用人单位利益造成重大损害的

　　D．用人单位未按照劳动合同约定支付劳动报酬或者是提供劳动条件的

47．劳动安全卫生管理制度对未成年工给予了特殊的劳动保护，这其中的未成年工是指年满16周岁未满（　　）的人。

　　A．14周岁　　　B．15周岁　　　C．17周岁　　　D．18周岁

（二）判断题

1．电击伤害是造成触电死亡的主要原因，是最严重的触电事故。（　　）

2．电伤伤害是造成触电死亡的主要原因，是最严重的触电事故。（　　）

3．触电的形式是多种多样的，但除了因电弧灼伤及熔融的金属飞溅灼伤外，可大致归纳为两种形式。（　　）

4．触电的形式是多种多样的，但除了因电弧灼伤及熔融的金属飞溅灼伤外，可大致归纳为三种形式。（　　）

5．为了防止发生人身触电事故和设备短路或接地故障，带电体之间、带电体与地面之间、带电体与其他设施之间、工作人员与带电体之间必须保持的最小空气间隙，称为安全距离。（　　）

6．在爆炸危险场所，如有良好的通风装置，能降低爆炸性混合物的浓度，场所危险等级可以降低。（　　）

7．在电气设备上工作，应填用工作票或按命令执行，其方式有三种。（　　）

8．在电气设备上工作，应填用工作票或按命令执行，其方式有两种。（　　）

9．环境污染的形式主要有大气污染、水污染、噪声污染等。（　　）

10．生态破坏是指由于环境污染和破坏，对多数人的健康、生命、财产造成的公共性危害。（　　）

11．影响人类生活环境的电磁污染源，可分为自然的和人为的两大类。（　　）

12．发电机发出的"嗡嗡"声，属于气体动力噪声。（　　）

13．长时间与强噪声接触，人会感到烦躁不安，甚至丧失理智。（　　）

14. 变压器的"嗡嗡"声属于机械噪声。 （   ）
15. 工业上采用的隔声结构有隔声罩、隔声窗和微穿孔板等。 （   ）
16. 用耳塞、耳罩、耳棉等个人防护用品来防止噪声的干扰，在所有场合都是有效的。 （   ）
17. 质量管理是企业经营管理的一个重要内容，是关系到企业生存和发展的重要问题。 （   ）
18. 质量管理是企业经营管理的一个重要内容，是企业的生命线。 （   ）
19. 对于每个职工来说，质量管理的主要内容有岗位的质量要求、质量目标、质量保证措施和质量责任等。 （   ）
20. 岗位的质量要求是每个领导干部都必须做到的最基本的岗位工作职责。 （   ）
21. 劳动者的基本权利中遵守劳动纪律是最主要的权利。 （   ）
22. 劳动者具有在劳动中获得劳动安全和劳动卫生保护的权利。 （   ）
23. 劳动者的基本义务中应包括遵守职业道德。 （   ）
24. 劳动者的基本义务中不应包括遵守职业道德。 （   ）
25. 劳动者患病或负伤，在规定的医疗期内的，用人单位不得解除劳动合同。 （   ）
26. 劳动者患病或负伤，在规定的医疗期内的，用人单位可以解除劳动合同。 （   ）
27. 劳动安全是指生产劳动过程中，防止危害劳动者人身安全的伤亡和急性中毒事故。 （   ）
28. 劳动安全卫生管理制度对未成年工给予了特殊的劳动保护，这其中的未成年工是指年满16周岁未满18周岁的人。 （   ）

四、工具、量具及仪器

（一）选择题

1. 套筒扳手是用来拧紧或旋松有沉孔螺母的工具，由套筒和手柄两部分组成，套筒需配合螺母的（   ）选用。
   A．大小 B．尺寸 C．体积 D．规格

2. 游标卡尺测量前应清理干净，并将两量爪（   ），检查游标卡尺的精度情况。
   A．合并 B．对齐 C．分开 D．错开

3. 喷灯是一种利用（   ）对工件进行加工的工具，常用于锡焊。
   A．光能 B．火焰喷射 C．电能 D．燃烧

4. 按照所用燃料油的不同，喷灯可以分为（   ）喷灯和汽油喷灯。
   A．煤油 B．柴油 C．机油 D．酒精

5. 喷灯使用时操作手动泵（   ）油筒内的压力，并在点火碗中加入燃料油，点燃烧热喷嘴后，再慢慢打开进油阀门，当火焰喷射压力达到要求时，即可开始使用。
   A．增加 B．减少 C．释放 D．保持

6. 喷灯火焰和带电体之间的安全距离为：10kV以上大于3m，10kV以下大于（   ）。
   A．4.5m B．3.5m C．2.5m D．1.5m

7．喷灯打气加压时，检查并确认进油阀可靠地（　　）。
   A．关闭　　　　B．打开　　　　C．打开一点　　　　D．打开或关闭
8．喷灯点火时，（　　）严禁站人。
   A．喷灯左侧　　B．喷灯前　　　C．喷灯右侧　　　　D．喷嘴后
9．喷灯的加油、放油和维修应在喷灯（　　）进行。
   A．燃烧时　　　B．燃烧或熄灭后　C．熄火后　　　　D．以上都不对
10．喷灯使用完毕，应将剩余的燃料油（　　），将喷灯污物擦除后，妥善保管。
    A．烧净　　　　B．保存在油筒内　C．倒掉　　　　　D．倒出回收
11．短路探测器是一种开口的（　　）。
    A．变压器　　　B．继电器　　　C．调压器　　　　D．接触器
12．短路探测器使用时，首先通入交流电，将探测器放在被测电动机定子铁心的（　　），此时探测器的铁心与被测电动机的定子铁心构成磁回路，组成一只变压器。
    A．上面　　　　B．槽口　　　　C．左侧　　　　　D．右侧
13．断条侦察器在使用时，若被测转子无断条，相当于变压器二次绕组短路，电流表读数（　　），否则电流表读数就会减少。
    A．较小　　　　B．为零　　　　C．为无穷大　　　　D．较大
14．测量前将千分尺（　　）擦拭干将后检查零位是否正确。
    A．固定套筒　　B．测量面　　　C．微分筒　　　　D．测微螺杆
15．千分尺测微杆的螺距为（　　），它装入固定套筒的螺孔中。
    A．0.6mm　　　B．0.8mm　　　C．0.5mm　　　　D．1mm
16．使用时，不能用千分尺测量（　　）的表面。
    A．精度一般　　B．精度较高　　C．精度较低　　　　D．粗糙
17．塞尺由不同厚度的若干片叠合在夹板里，厚度为0.02~0.1mm组的，相邻两片间相差（　　）mm，厚度为0.1~1mm组的，相邻两片间相差0.05mm。
    A．0.02　　　　B．0.03　　　　C．0.01　　　　　D．0.05
18．使用塞尺时，根据间隙大小，可用一片或（　　）在一起插入间隙内。
    A．数片重叠　　B．一片重叠　　C．两片重叠　　　　D．三片重叠

（二）判断题

1．套筒扳手是用来拧紧或旋松有沉孔螺母的工具，由套筒和手柄两部分组成。套筒需配合螺母的规格选用。（　　）
2．呆扳手是用来拧紧或旋松有沉孔螺母的工具，由套筒和手柄两部分组成。套筒需配合螺母的规格选用。（　　）
3．喷灯是一种利用火焰喷射对工件进行加工的工具，常用于锡焊。（　　）
4．喷灯是一种利用燃烧对工件进行加工的工具，常用于锡焊。（　　）
5．按照所用燃料油的不同，喷灯可以分为煤油喷灯和汽油喷灯。（　　）
6．加注燃料油时，首先旋开加油螺塞，注入燃料油，油量要低于油筒最大容量的3/4，然后旋紧加油螺塞。（　　）

7. 喷灯使用时操作手动泵增加油筒内的压力，并在点火碗中加入燃料油，点燃烧热喷嘴后，再慢慢打开进油阀门，当火焰喷射压力达到要求时，即可开始使用。（   ）

8. 喷灯使用时操作手动泵减少油筒内的压力，并在点火碗中加入燃料油，点燃烧热喷嘴后，再慢慢打开进油阀门，当火焰喷射压力达到要求时，即可开始使用。（   ）

9. 喷灯使用前应仔细检查油筒是否漏油，喷嘴是否畅通、是否有漏气。（   ）

10. 喷灯火焰和带电体之间的安全距离为：10kV 以上大于 3m，10kV 以下大于 1.5m。（   ）

11. 喷灯打气加压时，检查并确认进油阀可靠地关闭。（   ）

12. 喷灯使用完毕，应将剩余的燃料油烧净，将喷灯污物擦除后，妥善保管。（   ）

13. 短路探测器是一种开口的变压器。（   ）

14. 使用时，首先通入交流电，将探测器放在被测电动机定子铁心的槽口，此时探测器的铁心与被测电动机的定子铁心构成磁回路，组成一只调压器。（   ）

15. 断条侦察器在使用时，若被测转子无断条，相当于变压器二次绕组短路，电流表读数就大，否则电流表读数就会减少。（   ）

16. 断条侦察器在使用时，若被测转子无断条，相当于变压器一次绕组短路，电流表读数就大，否则电流表读数就会减少。（   ）

17. 千分尺是一种精度较高的精确量具。（   ）

18. 使用时，不能用千分尺测量粗糙的表面。（   ）

19. 使用塞尺时，根据间隙大小，可用一片或数片重叠在一起插入间隙内。（   ）

20. 塞尺的片有的很薄，应注意不能测量温度较低的工件，用完后要擦拭干净，及时合到夹板里。（   ）

五、读图及分析

（一）选择题

1. 车床加工的基本运动是主轴通过（   ）带动工件旋转，溜板带动刀架做直线运动。
   A．卡盘　　　B．顶尖　　　C．卡盘或顶尖　　　D．钻夹头

2. 车床电源采用三相 380V 交流电源-由电源开关 QS 引入，总电源（   ）为 FU。
   A．过载保护　B．失压保护　C．短路保护　　　　D．欠压保护

3. CA6140 型车床电动机 M_1 短路保护由（   ）QS 的电磁脱扣器来实现。
   A．组合开关　　　　　　　　B．低压断路器
   C．三极控制开关　　　　　　D．三极隔离开关

4. CA6140 型车床电动机 M_2、M_3 的短路保护由 FU 来实现，M_1 和 M_2 的过载保护是由各自的（   ）来实现的，电动机采用接触器控制。
   A．熔断器　　B．接触器　　C．低压断路器　　　D．热继电器

5. CA6140 型车床（   ）由控制变压器 TC 供电，控制电源电压为 110V、熔断器 FU_2 做短路保护。
   A．控制线路　B．主电路　　C．照明电路　　　　D．信号灯电路

6. CA6140 型车床从安全需要考虑，（　　）采用点动控制，按下快速按钮就可以快速进给。
   A．主轴电动机　　B．快速进给电动机　　C．信号灯　　D．照明灯
7. 当 CA6140 型车床主电源接通后，由控制变压器（　　）绕组供电的指示灯 HL 亮，表示车床已接通电源，可以开始工作。
   A．127V　　B．110V　　C．24V　　D．6V
8. 钻床是一种用途广泛的（　　）机床。
   A．铰孔　　B．通用　　C．扩空　　D．钻床
9. Z535 型钻床的照明线路由变压器 TC 供给 24V 安全电压，SA 为接通或断开（　　）的开关。
   A．冷却泵电动机　　B．主轴电动机　　C．照明　　D．电源
10. Z535 型钻床由热继电器 FR_1 对电动机 M_1 和 M_2 进行（　　）。
    A．短路保护　　B．失压保护　　C．欠压保护　　D．过载保护
11. Z535 型钻床由（　　）对电动机、控制线路及照明系统进行短路保护。
    A．熔断器　　B．热继电器　　C．低压断路器　　D．接触器
12. Z535 型钻床由（　　）对电动机 M_1 和 M_2 进行过载保护。
    A．熔断器 FU_1　　B．接触器 KM_1　　C．热继电器 FR_1　　D．接触器 KM_2
13. 因为起重机是（　　），所以对于安全性能要求较高。
    A．高空设备　　B．低空设备　　C．一般设备　　D．起重设备
14. 为了能很好地适应调速以及在满载下频繁启动，起重机都采用（　　）。
    A．三相异步电动机　　B．同步电动机
    C．多速异步电动机　　D．三相绕线转子异步电动机
15. 5t 桥式起重机因为是在断续工作制下，启动频繁，故电动机不使用（　　），而采用带一定延时的过电流继电器。
    A．接触器　　B．熔断器　　C．热继电器　　D．按钮
16. 5t 桥式起重机线路中，用凸轮控制器的 12 对触头进行控制，其中 4 对为（　　）用。
    A．电源控制　　B．主电路　　C．控制电路　　D．电动机
17. 5t 桥式起重机线路中，用凸轮控制器的 12 对触头进行控制，其中（　　）起限位作用。
    A．5 对　　B．4 对　　C．2 对　　D．1 对
18. 5t 桥式起重机线路中，用凸轮控制器的 12 对触头进行控制，其中 1 对为零位控制起（　　）作用。
    A．短路保护　　B．断路保护　　C．对地保护　　D．安全保护
19. 5t 桥式起重机线路中，凸轮控制器的手柄处于（　　）时，所有 5 对触点都是断开状态，电动机处于最低速的运行状态。
    A．第一挡　　B．第二挡　　C．第三挡　　D．第四挡
20. 5t 桥式起重机线路中，凸轮控制器的手柄处于第一挡时，所有 5 对触点都是断开状态，电动机处于（　　）的运行状态。

A．正常速度　　B．中速度　　C．最高速度　　D．最低速度

21．5t 桥式起重机线路中，凸轮控制器的手柄扳到第二挡时，一段电阻被短接，串联电动机转子绕组中的电阻值（　　），速度上升。

　　A．上升　　　B．为零　　　C．减小

22．5t 桥式起重机线路中，凸轮控制器的手柄顺序工作到（　　）时，电阻器完全被短接，绕组中的电阻值为零，电动机处于最高速运转。

　　A．第五挡　　B．第四挡　　C．第三挡　　D．第二挡

23．起重机的保护配电柜，柜中电器元件主要有：三相刀闸开关、供电用的主接触器和总电源过电流继电器及各传动电动机保护用的（　　）等。

　　A．热继电器　B．时间继电器　C．电压继电器　D．过电流继电器

24．5t 桥式起重机线路中，对总过电流继电器，其整定值应为全部电动机额定电流总和的（　　）倍，或电动机功率最大一台的额定电流的 2.5 倍再加上其他电动机额定电流的总和。

　　A．2.0　　　B．1.5　　　C．1.0　　　D．0.5

25．5t 桥式起重机线路中，各电动机的（　　），通常分别整定在所保护电动机额定电流的 2.25～2.5 倍。

　　A．过电流继电器　　　　　　B．主接触器
　　C．过电压继电器　　　　　　D．热继电器

26．在 5t 桥式起重机线路中，为了安全，除起重机要可靠接地外，还要保证起重机轨道必须（　　），接地电阻不得大于 4Ω。

　　A．接地或工作接地　　　　　B．接地或重复接地
　　C．接地或保护接地　　　　　D．接零或保护接地

27．常见维修电工图的种类有：系统图和框图，电路图，（　　）。

　　A．成套设备配线简图　　　　B．设备简图
　　C．装置的内部连接简图　　　D．接线图

28．接线图以粗实线画主回路，以（　　）画辅助回路。

　　A．粗实线　　B．细实线　　C．点画线　　D．虚线

29．识图的基本步骤：看图样说明，看电气原理图，看（　　）。

　　A．主回路接线图　　　　　　B．辅助回路接线图
　　C．回路标号　　　　　　　　D．安装线路图

（二）判断题

1．车床加工的基本运动是主轴通过卡盘或顶尖带动工件旋转，溜板带动刀架做直线运动。
　　　　　　　　　　　　　　　　　　　　　　　　　　　　　　　　　（　　）

2．车床加工的基本运动是主轴通过卡盘或顶尖带动工件旋转，溜板带动刀架做圆弧运动。
　　　　　　　　　　　　　　　　　　　　　　　　　　　　　　　　　（　　）

3．车床电源采用三相 380V 交流电源-由电源开关 QS 引入，总电源短路保护为 FU。
　　　　　　　　　　　　　　　　　　　　　　　　　　　　　　　　　（　　）

第二章 初级维修电工鉴定指南

4. 车床电源采用三相 380V 交流电源-由电源开关 QS 引入，总电源过载保护为 FU。
（　　）

5. CA6140 型车床电动机 M_1 短路保护由低压断路器 QS 的电磁脱扣器来实现。（　　）

6. CA6140 型车床电动机 M_1 短路保护由低压断路器 QS 的热脱扣器来实现。（　　）

7. CA6140 型车床电动机 M_2、M_3 的短路保护由 FU_1 来实现，M_1 和 M_2 的过载保护是由各自的热继电器来实现的，电动机采用接触器控制。（　　）

8. CA6140 型车床电动机 M_2、M_3 的短路保护由 FU_1 来实现，M_1 和 M_2 的过载保护是由各自的低压断路器来实现的，电动机采用接触器控制。（　　）

9. CA6140 型车床控制线路由控制变压器 TC 供电，控制电源电压为 110V、熔断器 FU_2 做短路保护。（　　）

10. CA6140 型车床控制线路由控制变压器 TC 供电，控制电源电压为 110V、熔断器 FU_2 做过载保护。（　　）

11. CA6140 型车床从安全需要考虑，快速进给电动机采用点动控制，按下快速按钮就可以快速进给。（　　）

12. CA6140 型车床从安全需要考虑，快速进给电动机采用连续控制，按下快速按钮就可以快速进给。（　　）

13. 当 CA6140 型车床主电源接通后，由控制变压器 6V 绕组供电的指示灯 HL 亮，表示车床已接通电源，可以开始工作。（　　）

14. 当 CA6140 型车床主电源接通后，由控制变压器 24V 绕组供电的指示灯 HL 亮，表示车床已接通电源，可以开始工作。（　　）

15. 钻床是一种用途广泛的通用机床。（　　）

16. 钻床是一种用途广泛的铰孔机床。（　　）

17. Z535 型钻床的照明线路由变压器 TC 供给 24V 安全电压，SA 为接通或断开照明的开关。（　　）

18. Z535 型钻床的照明线路由变压器 TC 供给 36V 安全电压，SA 为接通或断开照明的开关。（　　）

19. Z535 型钻床由熔断器对电动机、控制线路及照明系统进行短路保护。（　　）

20. Z535 型钻床由热继电器 FR_1 对电动机 M_1 和 M_2 进行欠压保护。（　　）

21. 因为起重机是高空设备，所以对于安全性能要求较高。（　　）

22. 为了能很好地适应调速以及在满载下频繁启动，起重机都采用同步电动机。（　　）

23. 5t 桥式起重机因为是在断续工作制下，启动频繁，故电动机不使用热继电器，而采用带一定延时的过电流继电器。（　　）

24. 5t 桥式起重机因为是在断续工作制下，启动频繁，故电动机不使用热继电器，而采用带一定延时的时间继电器。（　　）

25. 5t 桥式起重机线路中，用凸轮控制器的 12 对触头进行控制，其中 4 对为电源控制用。（　　）

26. 5t 桥式起重机线路中，用凸轮控制器的 12 对触头进行控制，其中 4 对为控制电路用。   （   ）

27. 5t 桥式起重机线路中，凸轮控制器的手柄处于第一挡时，所有 5 对触点都是断开状态，电动机处于最低速的运行状态。   （   ）

28. 5t 桥式起重机线路中，凸轮控制器的手柄处于第一挡时，所有 5 对触点都是断开状态，电动机处于最高速的运行状态。   （   ）

29. 5t 桥式起重机线路中，凸轮控制器的手柄扳到第二挡时，一段电阻被短接，串联电动机转子绕组中的电阻值减小，速度上升。   （   ）

30. 5t 桥式起重机线路中，凸轮控制器的手柄扳到第二挡时，一段电阻被短接，串联电动机转子绕组中的电阻值增大，速度上升。   （   ）

31. 5t 桥式起重机线路中，凸轮控制器的手柄顺序工作到第五挡时，电阻器完全被短接，绕组中的电阻值为零，电动机处于最高速运转。   （   ）

32. 5t 桥式起重机线路中，凸轮控制器的手柄顺序工作到第五挡时，电阻器完全被短接，绕组中的电阻值为无穷大，电动机处于最高速运转。   （   ）

33. 起重机的保护配电柜，柜中电器元件主要有：三相刀闸开关、供电用的主接触器和总电源过电流继电器及各传动电动机保护用的过电流继电器等。   （   ）

34. 起重机的保护配电柜，柜中电器元件主要有：三相刀闸开关、供电用的低压断路器和总电源过电流继电器及各传动电动机保护用的过电流继电器等。   （   ）

35. 5t 桥式起重机线路中，对总过电流继电器，其整定值应为全部电动机额定电流总和的 1.5 倍或电动机功率最大一台的额定电流的 2.5 倍再加上其他电动机额定电流的总和。
                                                                    （   ）

36. 5t 桥式起重机线路中，对总过电流继电器，其整定值应为全部电动机额定电流总和的 2.0 倍或电动机功率最大一台的额定电流的 2.5 倍再加上其他电动机额定电流的总和。
                                                                    （   ）

37. 5t 桥式起重机线路中，各电动机的过电流继电器，通常分别整定在所保护电动机额定电流的 2.25～2.5 倍。   （   ）

38. 5t 桥式起重机线路中，各电动机的过电流继电器，通常分别整定在所保护电动机额定电流的 2.0～2.5 倍。   （   ）

39. 在 5t 桥式起重机线路中，为了安全，除起重机要可靠接地外，还要保证起重机轨道必须接地或重复接地，接地电阻不得大于 4Ω。   （   ）

40. 在 5t 桥式起重机线路中，为了安全，除起重机要可靠接地外，还要保证起重机轨道必须接地或重复接地，接地电阻不得大于 8Ω。   （   ）

41. 常见维修电工图的种类有：系统图和框图，电路图，接线图。   （   ）

42. 常见维修电工图的种类有：系统图，电路图，接线图。   （   ）

43. 接线图以粗实线画主回路，以细实线画辅助回路。   （   ）

44. 接线图以粗实线画主回路，以点画线画辅助回路。   （   ）

45. 识图的基本步骤：看图样说明，看电气原理图，看安装线路图。   （   ）

46. 识图的基本步骤：看图样说明，看电气原理图，看接线图。   （   ）

六、配线、安装及调试

（一）选择题

1. 配电板可用 2.5～3mm 钢板制作，上面覆盖一张（　　）左右的布质酚醛层压板。
　　A．1mm　　　　B．2mm　　　　C．3mm　　　　D．4mm
2. 配电板的尺寸要小于配电柜门框的尺寸，还要考虑到电器元件（　　）配电板能自由进出。
　　A．拆卸后　　　B．固定后　　　C．拆装后　　　D．安装后
3. 备齐所有的元器件，将元器件进行模拟排列，元器件（　　）要合理。
　　A．走向　　　　B．码放　　　　C．布局　　　　D．安装位置
4. 用（　　）在底板上画出元器件的装配孔位置，然后拿开所有的元器件。
　　A．划针　　　　B．改锥　　　　C．钉子　　　　D．铁丝
5. 用划针在底板上画出元器件的（　　）孔位置，然后拿开所有的元器件。
　　A．拆装　　　　B．固定　　　　C．拆卸　　　　D．装配
6. 元器件在底板上要（　　）牢固，不得有松动现象。
　　A．固定　　　　B．码放　　　　C．安装　　　　D．装配
7. 安装接触器时，要求散热孔（　　）。
　　A．朝右　　　　B．朝左　　　　C．朝下　　　　D．朝上
8. 主回路的连接线一般采用较粗的 2.5mm^2（　　）。
　　A．多股塑料铝芯线　　　　　　B．单股塑料铝芯线
　　C．多股塑料铜芯线　　　　　　D．单股塑料铜芯线
9. 控制回路一般采用（　　）的单股塑料铜芯线。
　　A．0.5mm^2　　B．1mm^2　　C．2mm^2　　D．2.5mm^2
10. 检查主回路和控制回路的布线是否合理、正确，所有（　　）螺钉是否拧紧、牢固，（　　）是否平直、整齐。
　　A．电线，导线　　　　　　　　B．电线，接线
　　C．接线，导线　　　　　　　　D．导线，电线
11. 专用继电器是一种根据电量或非电量的变化，接通或断开小电流（　　）。
　　A．主电路　　　　　　　　　　B．主电路和控制电路
　　C．辅助电路　　　　　　　　　D．控制电路
12. 速度继电器是反映（　　）的继电器，其主要作用是以旋转速度的快慢为指令信号。
　　A．气压　　　　B．转速和转向　C．水压　　　　D．压力
13. 速度继电器是反映转速和转向的继电器，其主要作用是以（　　）的快慢为指令信号。
　　A．转子转动　　B．定子偏转　　C．速度　　　　D．旋转速度
14. 在速度继电器的型号及含义中，以 JFZO 为例，其中 J 代表（　　）。
　　A．继电器　　　B．主令电器　　C．紧急式　　　D．机床电器
15. 在速度继电器的型号及含义中，以 JFZO 为例，其中 F 代表（　　）。

A．防腐式　　　　B．反接　　　　　C．位置开关　　　D．控制器

16．在速度继电器的型号及含义中，以 JFZO 为例，其中 Z 代表（　　）。
A．中间　　　　　B．时间　　　　　C．制动　　　　　D．快慢

17．在速度继电器的型号及含义中，以 JFZO 为例，其中 O 代表（　　）。
A．规格序号　　　B．触头数　　　　C．转速等级　　　D．设计序号

18．JY1 型速度继电器触头额定电压 380V，触头额定电流 2A，额定工作转速（　　）r/min，允许操作频率小于 30 次/h。
A．300～1000　　B．100～3000　　C．100～3600　　D．1000～3600

19．速度继电器的弹性（　　）调整的规律为，将调整螺钉向下旋，弹性动触片弹性增大，速度较高时继电器才动作。
A．动触片　　　　B．静触片　　　　C．常开触头　　　D．常闭触头

20．速度继电器的弹性动触片调整的规律是将调整螺钉向上旋，弹性动触片弹性减小，速度（　　）时继电器即动作。
A．较高　　　　　B．不变　　　　　C．为零　　　　　D．较低

21．温度继电器广泛应用于电动机绕组、大功率晶体管等器件的（　　）。
A．短路保护　　　B．过电流保护　　C．过电压保护　　D．过热保护

22．热敏电阻式温度继电器应用较广，它的（　　）同一般晶体管式时间继电器相似。
A．原理　　　　　B．外形　　　　　C．结构　　　　　D．接线方式

23．热敏电阻式温度继电器当温度在 65℃ 以下时，热敏电阻为恒定值，电桥处于平衡状态，执行继电器（　　）。
A．触头断开　　　B．触头闭合　　　C．动作　　　　　D．不动作

24．压力继电器经常用于机械设备的油压、水压或气压控制系统中，它能根据压力源压力的变化情况决定触点的断开或闭合，以便对机械设备提供（　　）。
A．相应的信号　　B．操纵的命令　　C．控制　　　　　D．保护或控制

25．压力继电器的微动开关和顶杆的距离一般大于（　　）。
A．0.1mm　　　　B．0.2mm　　　　C．0.4mm　　　　D．0.6mm

26．YJ 系列的压力继电器技术数据中，额定电压为交流 380V，长期工作电流为（　　）。
A．1A　　　　　　B．3A　　　　　　C．5A　　　　　　D．10A

27．YJ-O 系列的压力继电器技术数据中，信号压力为（　　）Mpa。
A．0.1～0.2　　　B．0.2～0.3　　　C．0.2～0.4　　　D．0.1～0.4

28．YJ-1 系列的压力继电器技术数据中，信号压力为（　　）Mpa。
A．0.1～0.2　　　B．0.2～0.3　　　C．0.2～0.4　　　D．0.1～0.4

29．晶体管时间继电器也称（　　）时间继电器，是自动控制系统中的重要元件。
A．导体　　　　　B．半导体　　　　C．气囊式　　　　D．电子式

30．当（　　）时间继电器不能满足电路控制要求时，选用晶体管时间继电器。
A．电磁式　　　　　　　　　　　　B．电动式
C．空气阻尼式　　　　　　　　　　D．电磁式、电动式、空气阻尼式

31．当控制电路要求延时精度（　　），选用晶体管时间继电器。

A．较低时 　　　B．较高时 　　　C．一般时 　　　D．无要求时
32．控制回路相互协调需（　　）时，选用晶体管时间继电器。
　　A．有触点输出 　B．有触点输入 　C．无触点输出 　D．无触点输入
33．当控制电路要求延时精度较高时，选用（　　）时间继电器。
　　A．电磁式 　　　B．电动式 　　　C．空气阻尼式 　D．晶体管
34．行程开关应根据控制回路的额定电压和（　　）选择开关系列。
　　A．交流电流 　　　　　　　　　B．直流电流
　　C．交、直流电流 　　　　　　　D．电流
35．安装时，首先将电子元件的引线除锈搪锡，再用钳子夹持引线根部，将引线弯成（　　），然后插入底板的孔中。
　　A．90° 　　　　B．60° 　　　　C．45° 　　　　D．30°
36．安装电子元件时，除接插件、熔丝座等必须紧贴底板外，其余元件距底板约（　　）。
　　A．1～5mm 　　B．2～5mm 　　C．3～5mm 　　D．4～5mm
37．检测电子元件的安装与焊接时，检测各元件有无（　　）现象。
　　A．接错 　　　　B．接反 　　　　C．漏接 　　　　D．接错、接反
38．用仪表检测电子元件的安装与焊接时，检测是否有（　　）现象。
　　A．短路 　　　　B．断路 　　　　C．短路、断路 　D．接地
39．多股铜导线的连接剥去适当长度的绝缘层，用钳子把各导线逐根拉直，再将导线顺次散开呈（　　）伞状。
　　A．15° 　　　　B．30° 　　　　C．45° 　　　　D．60°
40．进行多股铜导线的连接时，将散开的各导线（　　）对插，再把张开的各线端合拢，取任意两股同时绕5～6圈后，采用同样的方法调换两股再卷绕，依次类推绕完为止。
　　A．隔根 　　　　B．隔两根 　　　C．隔三根 　　　D．隔四根
41．（　　）的铜芯导线接头用电烙铁锡焊。
　　A．10mm及以下 B．10mm及以上 C．6mm及以下 D．6mm及以上
42．（　　）的铜芯导线接头，可采用浇焊法。
　　A．16mm以下 　B．16mm以上 　C．25mm以下 　D．25mm以上
43．导线连接后，需要恢复绝缘，绝缘强度（　　）原有绝缘层。
　　A．不高于 　　　B．等于 　　　　C．不低于 　　　D．低于
44．导线恢复绝缘时，黄腊带与导线保持约55°的倾斜角，每圈压叠带宽的（　　）。
　　A．1/2 　　　　B．1/3 　　　　C．2/3 　　　　D．3/4
45．导线恢复绝缘，在包缠时不能过疏，不能露出芯线，以免发生（　　）事故。
　　A．触电 　　　　B．断路 　　　　C．短路 　　　　D．触电或断路
46．直径19mm以下电线管的线管配线时，穿管导线的总面积不得超过线管内径截面积的（　　）。线管的管径可根据有关表格来选择。
　　A．20% 　　　　B．40% 　　　　C．60% 　　　　D．80%
47．弯管时，管子的弯曲角度不应小于（　　）。
　　A．90° 　　　　B．60° 　　　　C．45° 　　　　D．30°

48．线路明管敷设时，管子的曲率半径 R（　　）4d。
　　A．小于　　　　B．大于　　　　C．大于等于　　D．等于

49．线路暗管敷设时，管子的曲率半径：$R \geq 6d$，弯曲角度：（　　）。
　　A．$\theta \geq 30°$　　B．$\theta \geq 45°$　　C．$\theta \geq 60°$　　D．$\theta \geq 90°$

50．钢管与钢管、配电箱及接线盒等处的配线，用直径为 6～10mm 圆钢制成的跨接线连接时，所有线管上的金属元件都可靠（　　）。
　　A．重复接地　　B．工作接地　　C．接零　　D．接地

51．管内配线时，管内导线一般不允许超过 10 根，同一根线管内不允许穿（　　）或不同电度表的导线。
　　A．相同电流　　B．不同电流　　C．相同电压　　D．不同电压

52．管线配线时，导线的绝缘强度不低于 500V，导线最小截面铜芯线为（　　），铝芯线为 2.5mm²。
　　A．2.5mm²　　B．2mm²　　C．1mm²　　D．1.5mm²

53．控制箱内外所有（　　）的编号，必须与电气原理图上的编号完全一致。
　　A．电气设备　　B．电气元件　　C．导线　　D．含 A、B 两项

54．二极管和三极管等半导体元件弯腿时，弯曲处距离壳不小于（　　）。
　　A．3mm　　B．4mm　　C．5mm　　D．6mm

55．为了防止（　　），所有元件的引线均应预先镀锡。
　　A．假焊　　B．虚焊　　C．漏焊　　D．夹生焊

56．焊点距管壳不小于 10mm，电烙铁功率一般不大于 45W，焊接时间不超过（　　）。
　　A．5s　　B．6s　　C．7s　　D．8s

57．晶体管工作在放大状态时，发射结正偏，对于硅管约为 0.7V，锗管约为（　　）。
　　A．0.2V　　B．0.3V　　C．0.5V　　D．0.7V

58．单管电压放大电路的动态分析时的交流通路，由于耦合电容 C_1、C_2 对交流的容抗（　　），可把 C_1、C_2 看成是短路，直流电源 U_{cc} 的内阻很小，可把 U_{cc} 看成是短路。
　　A．很小　　B．很大　　C．为零　　D．为无穷大

59．单管电压放大电路的动态分析时的电压放大过程，放大电路在直流电源和交流信号的作用下，电路中电流和电压既有直流分量，又有交流分量，即在静态值的基础上叠加一个（　　）。
　　A．直流值　　B．电阻值　　C．电容值　　D．交流值

60．把放大电路的输出信号电压或电流的一部分或全部通过反馈电路，送回到输入端的过程叫（　　）。
　　A．交流反馈　　B．直流反馈　　C．截止　　D．反馈

61．若反馈到输入端的是交流量，称为交流反馈，它能改善（　　）的性能。
　　A．直流通路　　B．交流通路　　C．直流电路　　D．交流电路

62．若反馈到输入端的是直流量，则称为直流负反馈，它能稳定（　　）。
　　A．直流负载线　　B．基极偏置电流　　C．集电极电压　　D．静态工作点

63．振荡电路产生自激振荡的相位条件是：必须引入（　　）。

A．正反馈　　　　B．负反馈　　　　C．交流负反馈　　D．直流负反馈

64．振荡电路产生自激振荡的振幅条件是：反馈到放大器输入端的（　　）幅值必须等于或大于放大器的原输入电压幅值。

A．电流　　　　B．电压　　　　C．电阻　　　　D．电容

65．变压器耦合式振荡器电路，当振荡电路接通电源瞬间，在集电极电路中激起一个微小的（　　）变化。

A．电容　　　　B．电阻　　　　C．电压　　　　D．电流

66．静态工作点稳定的放大回路中，当温度（　　）时，集电极静态电流增大，造成静态工作点上移，靠近饱和区，容易引起饱和失真。

A．升高　　　　B．降低　　　　C．不变　　　　D．不稳定

67．整流电路是利用（　　）的单向导电性，将交流电压变换成单方向的脉动直流电压。

A．三极管　　　　B．二极管　　　　C．晶闸管　　　　D．可控硅管

68．对于电动机不经常启动而且启动时间不长的电路，熔体额定电流约等于电动机额定电流的（　　）倍。

A．0.5　　　　B．1　　　　C．1.5　　　　D．2.5

69．多台交流电动机线路总熔体的额定电流，约等于线路上功率最大一台电动机电流的1.5~2.5倍，再加上其他电动机（　　）的总和。

A．电压　　　　B．电流　　　　C．额定电压　　D．额定电流

70．刀开关的额定电压应等于或大于电路额定电压，其额定电流应（　　）电路的工作电流。

A．稍小于　　　　B．稍大于　　　　C．等于或稍小于　　D．等于或稍大于

71．低压断路器的额定工作电压和电流均（　　）线路额定电压和实际工作电流。

A．小于或等于　　　B．大于或等于　　　C．等于　　　　D．小于

72．低压断路器的热脱扣器的整定电流（　　）所控负载的额定电流。

A．大于　　　　B．小于　　　　C．等于　　　　D．大于等于

73．低压断路器的电磁脱扣器的瞬时脱扣整定电流（　　）负载电路正常工作时的峰值电流。

A．小于等于　　　B．大于等于　　　C．小于　　　　D．大于

74．CA6140型车床的调试前准备时，应将有关的（　　）和安装、使用、维修、调试说明准备好。

A．图样　　　　B．电路图　　　　C．技术说明　　D．电气设备明细表

75．CA6140型车床的调试前准备时，应将电工工具、兆欧表、万用表和（　　）准备好。

A．电压表　　　　B．电流表　　　　C．转速表　　　　D．钳形电流表

76．CA6140型车床的调试前准备时，测量电动机相间、对地绝缘电阻是否大于（　　）兆欧。

A．3　　　　B．2　　　　C．1　　　　D．0.5

77．CA6140型车床的调试前准备时，测量线路对地（　　）是否大于3兆欧。

A．电压　　　　B．电阻　　　　C．电流　　　　D．交流电压

78．CA6140 型车床的调试前准备时，检查电动机是否转动灵活，轴承有无（　　）等现象。

A．漏油　　　　B．多油　　　　C．少油　　　　D．缺油

79．CA6140 型车床的调试时，控制回路试车时，先接通（　　），检查熔断器 FU₁ 前后有无 380V 电压。

A．低压断路器 QS　　　　　　　B．组合开关 QS
C．刀开关 QS　　　　　　　　　D．开启式负荷开关 QS

80．CA6140 型车床的调试时，控制回路试车时，检查控制变压器一次侧为 380V、二次侧为 24V、6V、（　　）。

A．110V　　　　B．127V　　　　C．36V　　　　D．48V

81．CA6140 型车主回路加电试车时，经过一段时间试运行，观察、检查电动机有无异常响声、异味、冒烟、振动和（　　）等异常现象。

A．温升过低　　B．温升过高　　C．温升不高于　D．温升不低于

82．Z535 钻床调试前的准备时，将有关（　　）和安装、调试、使用、维修说明书准备好。

A．图样　　　　B．电路图　　　C．技术说明　　D．电气设备明细表

83．Z535 钻床调试前的准备时，将电工工具、兆欧表、（　　）和钳形电流表准备好。

A．电流表　　　B．万用表　　　C．电压表　　　D．转速表

84．Z535 钻床调试前的准备时，测量电动机 M₁、M₂ 各绕组间和对地的绝缘电阻是否大于（　　）兆欧。

A．0.5　　　　B．1　　　　C．2　　　　D．3

85．Z535 钻床调试前的准备时，测量线路对地电阻是否大于（　　）兆欧。

A．2　　　　　B．3　　　　C．1　　　　D．0.5

86．Z535 钻床调试前的准备时，检查电动机（　　），轴承有无缺油等异常现象。

A．是否转动灵活　　　　　　　B．转动卡死
C．有阻滞　　　　　　　　　　D．损坏

87．Z535 钻床控制回路试车时，将 QS₁ 接通，用（　　）测量 FU₁ 进线处应有三相 380V 电压。

A．万用表　　　B．电流表　　　C．电压表　　　D．钳形电流表

88．Z535 钻床控制回路试车时，将 QS₁ 接通，用万用表测量变压器一次侧有 380V、220V（　　）。

A．电阻　　　　B．交流电压　　C．电流　　　　D．直流电压

89．Z535 钻床控制回路试车时，将 QS₁ 接通，用（　　）测量变压器二次侧有 24V 交流电压。

A．万用表　　　B．电压表　　　C．电流表　　　D．调钳形电流表

90．Z535 钻床控制主回路试车时，在（　　）状态下，调整热继电器。

A．停电　　　　B．送电　　　　C．运行　　　　D．调试

91. Z535 钻床控制主回路试车时，在停电状态下，调整（　　）。
    A．接触器　　　　B．热继电器　　　C．组合开关　　　D．按钮
92. Z535 钻床控制主回路试车时，在停电状态下，调整热继电器，使其动作电流为主轴电动机额定电流的（　　）倍左右。
    A．1.5　　　　　 B．1.2　　　　　　C．2　　　　　　　D．2.5
93. 测量电动机三相绕组间、对地绝缘电阻应（　　）0.5MΩ。
    A．大于　　　　　B．小于　　　　　 C．等于　　　　　 D．不大于
94. 测量线路对地电阻应（　　）3MΩ。
    A．等于　　　　　B．小于　　　　　 C．大于　　　　　 D．不大于
95. 用兆欧表对电路进行测试，检查元器件及导线绝缘是否良好，相间或相线与底板之间有无（　　）现象。
    A．断路　　　　　B．对地　　　　　 C．接通　　　　　 D．短路
96. 用手转动电动机转轴，观察电动机转动是否灵活，有无（　　）现象。
    A．噪声　　　　　B．卡住　　　　　 C．不灵活　　　　 D．噪声及卡住
97. 电动机启动后，注意听和观察电动机有无异常声音及（　　）是否正确。
    A．正转　　　　　B．反转　　　　　 C．正反方向　　　 D．转向
98. 启动电动机前，应用钳形电流表卡住电动机三根引线的其中一根，测量电动机的（　　）。
    A．运行电流　　　B．启动电阻　　　 C．启动电流　　　 D．启动电流
99. 电动机的（　　）一般是额定电流的 5～7 倍。
    A．启动电流　　　B．运行电流　　　 C．启动电阻　　　 D．启动电压
100. 电动机正常运行后，测量电动机（　　）应平衡，空载和有负载时电流是否超过额定值。
    A．三相电流　　　B．三相电压　　　 C．两相电流　　　 D．两相电压
101. 电动机三相电流正常，使电动机运行 30min，运行中经常测试电动机的（　　），检查长时间运行中的温升是否太高或太快。
    A．绕组温度　　　B．外壳温度　　　 C．转子温度　　　 D．轴承温度

（二）判断题

1. 配电板可用 2.5～3mm 钢板制作，上面覆盖一张 1mm 左右的布质酚醛层压板。（　　）
2. 配电板可用 2.5～3mm 铁板制作，上面覆盖一张 1mm 左右的布质酚醛层压板。（　　）
3. 配电板的尺寸要小于配电柜门框的尺寸，还要考虑到电器元件安装后配电板能自由进出柜门。（　　）
4. 配电板的尺寸要等于配电柜门框的尺寸，还要考虑到电器元件安装后配电板能自由进出柜门。（　　）
5. 备齐所有的元器件，将元器件进行模拟排列，元器件布局要合理。（　　）

6．备齐所有的元器件，将元器件按要求进行排列，元器件布局要合理。（　　）

7．用划针在底板上画出元器件的装配孔位置，然后拿开所有的元器件。校核每一个元器件的安装孔的尺寸。（　　）

8．用划针在配电板上画出元器件的装配孔位置，然后拿开所有的元器件。校核每一个元器件的安装孔的尺寸。（　　）

9．元器件在底板上要固定牢固，不得有松动现象。（　　）

10．安装接触器时，要求散热孔朝上。（　　）

11．主回路的连接线一般采用较粗的 2.5mm² 单股塑料铜芯线。（　　）

12．主回路的连接线一般采用较粗的 2.5mm² 单股塑料铝芯线。（　　）

13．控制回路一般采用 1mm² 的单股塑料铜芯线。（　　）

14．控制回路一般采用 1mm² 的单股塑料铝芯线。（　　）

15．检查主回路和控制回路的布线是否合理、正确，所有接线螺钉是否拧紧、牢固，导线是否平直、整齐。（　　）

16．检查主回路和控制回路的布线是否合理、正确，所有接线螺钉是否松动，导线是否平直、整齐。（　　）

17．专用继电器是一种根据电量或非电量的变化，接通或断开小电流控制电路。（　　）

18．专用继电器是一种根据电量或非电量的变化，接通或断开大电流控制电路。（　　）

19．速度继电器是反映转速和转向的继电器，其主要作用是以旋转速度的快慢为指令信号。（　　）

20．速度继电器是反映转速和转向的继电器，其工作方式是以旋转速度的快慢为指令信号。（　　）

21．在速度继电器的型号及含义中，以 JFZO 为例，其中 J 代表继电器。（　　）

22．在速度继电器的型号及含义中，以 JFZO 为例，其中 F 代表反接。（　　）

23．JY1 型速度继电器触头额定电压 380V，触头额定电流 2A，额定工作转速 100～3000r/min，允许操作频率小于 30 次/h。（　　）

24．JY1 型速度继电器触头额定电压 380V，触头额定电流 2A，额定工作转速 100～3000r/min，允许操作频率小于 60 次/h。（　　）

25．速度继电器的弹性动触片调整的规律为，将调整螺钉向下旋，弹性动触片弹性增大，速度较高时继电器才动作。（　　）

26．速度继电器的弹性动触片调整的规律为，将调整螺钉向下旋，弹性动触片弹性降低，速度较高时继电器才动作。（　　）

27．速度继电器的弹性动触片调整的规律为，将调整螺钉向上旋，弹性动触片弹性减小，速度较低时继电器即动作。（　　）

28．速度继电器的弹性动触片调整的规律为，将调整螺钉向上旋，弹性动触片弹性增大，速度较低时继电器即动作。（　　）

29．温度继电器广泛应用于电动机绕组、大功率晶体管等器件的过热保护。（　　）

30．温度继电器广泛应用于电动机绕组、小功率晶体管等器件的过热保护。（　　）

31．热敏电阻式温度继电器应用较广，它的外形同一般晶体管式时间继电器相似。
（   ）

32．热敏电阻式温度继电器应用较广，它的外形同一般电动式时间继电器相似。
（   ）

33．热敏电阻式温度继电器当温度在65℃以下时，热敏电阻为恒定值，电桥处于平衡状态，执行继电器不动作。（   ）

34．热敏电阻式温度继电器当温度在65℃以下时，热敏电阻为变化值，电桥处于不平衡状态，执行继电器动作。（   ）

35．压力继电器经常用于机械设备的油压、水压或气压控制系统中，它能根据压力源压力的变化情况决定触点的断开或闭合，以便对机械设备提供保护或控制。（   ）

36．压力继电器经常用于电力拖动的油压、水压或气压控制系统中，它能根据压力源压力的变化情况决定触点的断开或闭合，以便对机械设备提供保护或控制。（   ）

37．压力继电器装在油路的分支管路中，当管路压力超过整定值时，使触头动作。
（   ）

38．压力继电器装在油路的分支管路中，当管路压力低于整定值时，微动开关的触点复位。
（   ）

39．YJ系列的压力继电器技术数据中，额定电压为交流500V，长期工作电流为3A。
（   ）

40．YJ系列的压力继电器技术数据中，额定电压为交流380V，长期工作电流为3A。
（   ）

41．晶体管时间继电器也称半导体时间继电器，是自动控制系统中的重要元件。（   ）
42．电动式时间继电器也称半导体时间继电器，是自动控制系统中的重要元件。（   ）
43．当控制电路要求延时精度较高时，选用晶体管时间继电器。（   ）
44．控制回路相互协调需无触点输出时，选用晶体管时间继电器。（   ）
45．行程开关应根据主回路的额定电压和电流选择开关系列。（   ）
46．行程开关应根据控制回路的额定电压和电流选择开关系列。（   ）
47．安装电子元件时，除接插件、熔丝座等必须紧贴底板外，其余元件距底板约1-5mm。
（   ）

48．安装电子元件时，除接插件、熔丝座等必须紧贴底板外，其余元件距底板约3-5mm。
（   ）

49．检测电子元件的安装与焊接时，用直观检查有无虚焊、脱焊现象。（   ）
50．用仪表检测电子元件的安装与焊接时，检测是否有接地现象。（   ）
51．进行多股铜导线的连接时，将散开的各导线隔根对插，再把张开的各线端合扰，取任意两股同时绕5-6圈后，采用同样的方法调换两股再卷绕，依次类推绕完为止。（   ）

52．多股铜导线的连接剥去适当长度的绝缘层，用钳子把各导线逐根拉直，再将导线顺次散开成60°伞状。（   ）

53．导线连接后，需要恢复绝缘，绝缘强度不低于原有绝缘层。（   ）
54．一般用和黄腊带、涤纶薄膜带、黑胶带作为恢复绝缘的材料。（   ）

55. 导线恢复绝缘时，黄腊带与导线保持约 55°的倾斜角，每圈压叠带宽的 1/2。（　　）

56. 导线恢复绝缘，在包缠时不能过疏，不能露出芯线，以免发生触电或断路事故。
（　　）

57. 直径 19mm 以下电线管的线管配线时，穿管导线的总面积不得超过线管内径截面积的 40%。线管的管径可根据有关表格来选择。（　　）

58. 直径 19mm 以下电线管的线管配线时，穿管导线的总面积高于线管内径截面积的 40%。线管的管径可根据有关表格来选择。（　　）

59. 弯管时，管子的弯曲角度不应小于 90°。（　　）

60. 线路暗管敷设时，管子的曲率半径：$R \geqslant 6d$，弯曲角度：$\theta \geqslant 90°$。（　　）

61. 钢管与钢管、配电箱及接线盒等处的配线，用直径为 6～10mm 圆钢制成的跨接线连接时，所有线管上的金属元件都可靠接地。（　　）

62. 钢管与钢管、配电箱及接线盒等处的配线，用直径为 6～10mm 圆钢制成的跨接线连接时，所有线管上的金属元件都可靠工作接地。（　　）

63. 管内配线时，管内导线一般不允许超过 10 根，同一根线管内不允许穿不同电压或不同电度表的导线。（　　）

64. 管内配线时，管内导线一般不允许超过 10 根，同一根线管内不允许穿不同电流或不同电度表的导线。（　　）

65. 管线配线时，导线的绝缘强度不低于 500V，导线最小截面铜芯线为 $1mm^2$，铝芯线为 $2.5mm^2$。（　　）

66. 管线配线时，导线的绝缘强度不低于 380V，导线最小截面铜芯线为 $1mm^2$，铝芯线为 $2.5mm^2$。（　　）

67. 控制箱内外所有电气设备和电气元件的编号，必须与电气原理图上的编号完全一致。
（　　）

68. 制箱内外所有电气设备和电气元件的编号，必须与元件布置图上的编号完全一致。
（　　）

69. 二极管和三极管等半导体元件弯腿时，弯曲处距离壳不小于 5mm。（　　）

70. 为了防止虚焊，所有元件的引线均应预先镀锡。（　　）

71. 焊点距管壳不小于 10mm，电烙铁功率一般不大于 45W，焊接时间不超过 5s。（　　）

72. 焊点距管壳不小于 10mm，电烙铁功率一般不大于 25W，焊接时间不超过 5s。（　　）

73. 晶体管工作在放大状态时，发射结正偏，对于硅管约为 0.7V，锗管约为 0.3V。（　　）

74. 晶体管工作在放大状态时，发射结反偏，对于硅管约为 0.7V，锗管约为 0.3V。（　　）

75. 单管电压放大电路的动态分析时的交流通路，由于耦合电容 C_1、C_2 对交流的容抗很小，可把 C_1、C_2 看成是短路，直流电源 U_{cc} 的内阻很小，所以可把 U_{cc} 看成是短路。（　　）

76. 单管电压放大电路的动态分析时的交流通路，由于耦合电容 C_1、C_2 对交流的容抗很大，可把 C_1、C_2 看成是短路，直流电源 U_{cc} 的内阻很小，所以可把 U_{cc} 看成是短路。（　　）

77. 单管电压放大电路的动态分析时的电压放大过程，放大电路在直流电源和交流信号的作用下，电路中电流和电压既有直流分量，又有交流分量，即在静态值的基础上叠加一个交流值。（　　）

第二章 初级维修电工鉴定指南

78. 单管电压放大电路的动态分析时的电压放大过程，放大电路在直流电源和交流信号的作用下，电路中电流和电压既有直流分量，又有交流分量，即在静态值的基础上叠加一个直流值。（　）
79. 把放大电路的输出信号电压或电流的一部分或全部通过反馈电路，送回到输入端的过程叫反馈。（　）
80. 把放大电路的输入信号电压或电流的一部分或全部通过反馈电路，送回到输入端的过程叫反馈。（　）
81. 若反馈到输入端的是交流量，称为交流反馈，它能改善交流电路的性能。（　）
82. 若反馈到输出端的是交流量，称为交流反馈，它能改善交流电路的性能。（　）
83. 若反馈到输入端的是直流量，则称为直流负反馈，它能稳定静态工作点。（　）
84. 若反馈到输入端的是直流量，则称为直流负反馈，它能稳定集电极电压。（　）
85. 振荡电路产生自激振荡的相位条件时：必须引入正反馈。（　）
86. 振荡电路产生自激振荡的振幅条件是：反馈到放大器输入端的电压幅值必须等于或大于放大器的原输入电压幅值。（　）
87. 变压器耦合式振荡器电路，当振荡电路接通电源瞬间，在集电极电路中激起一个微小的电流变化。（　）
88. 变压器耦合式振荡器电路，当振荡电路接通电源瞬间，在集电极电路中激起一个微小的电压变化。（　）
89. 静态工作点稳定的放大回路中，当温度升高时，集电极静态电流增大，造成静态工作点上移，靠近饱和区，容易引起饱和失真。（　）
90. 静态工作点稳定的放大回路中，当温度升高时，集电极静态电流增大，造成静态工作点下移，靠近饱和区，容易引起饱和失真。（　）
91. 整流电路是利用二极管的单向导电性，将交流电压变换成单方向的脉动直流电压。（　）
92. 整流电路是利用二极管的单向导电性，将交流电流变换成单方向的脉动直流电流。（　）
93. 对于电动机不经常启动而且启动时间不长的电路，熔体额定电流约等于电动机额定电流的1.5倍。（　）
94. 对于电动机不经常启动而且启动时间不长的电路，熔体额定电流大于电动机额定电流的1.5倍。（　）
95. 多台交流电动机线路总熔体的额定电流，约等于线路上功率最大一台电动机电流的1.5~2.5倍，再加上其他电动机额定电流的总和。（　）
96. 多台交流电动机线路总熔体的额定电流，约等于线路上功率最大一台电动机电流的1.5~2倍，再加上其他电动机额定电流的总和。（　）
97. 刀开关的额定电压应等于或大于电路额定电压，其额定电流应等于或稍大于电路的工作电流。（　）
98. 刀开关的额定电压应等于或大于电路额定电压，其额定电流应小于电路的工作电流。（　）

99．低压断路器的额定工作电压和电流均大于或等于线路额定电压和实际工作电流。（   ）

100．低压断路器的电磁脱扣器的瞬时脱扣整定电流大于负载电路正常工作时的峰值电流。（   ）

101．CA6140型车床的调试前准备时，应将有关的图样和安装、使用、维修、调试说明准备好。（   ）

102．CA6140型车床的调试前准备时，应将有关的电器原理图和安装、使用、维修、调试说明准备好。（   ）

103．CA6140型车床的调试前准备时，应将电工工具、兆欧表、电流表和钳形电流表准备好。（   ）

104．CA6140型车床的调试前准备时，应将电工工具、兆欧表、万用表和钳形电流表准备好。（   ）

105．CA6140型车床的调试前准备时，测量电动机M_1、M_2、M_3绕组间、对地绝缘电阻是否大于0.5兆欧。（   ）

106．CA6140型车床的调试前准备时，测量电动机M_1、M_2、M_3绕组间、对地绝缘电阻是否大于1兆欧。（   ）

107．CA6140型车床的调试前准备时，测量线路对地电阻是否大于3兆欧。（   ）

108．CA6140型车床的调试前准备时，测量线路对地电阻是否大于1兆欧。（   ）

109．CA6140型车床的调试前准备时，检查电动机是否转动灵活，轴承有无缺油等现象。（   ）

110．CA6140型车床的调试前准备时，检查电动机是否转动灵活，轴承有无漏油等现象。（   ）

111．CA6140型车床的调试时，控制回路试车时，先接通低压断路器QS，检查熔断器FU_1前后有无380V电压。（   ）

112．CA6140型车床的调试时，控制回路试车时，先接通低压断路器QS，检查熔断器FU_1前后有无36V电压。（   ）

113．CA6140型车床的调试时，控制回路试车时，检查控制变压器一次侧为380V、二次侧为24V、6V、110V。（   ）

114．CA6140型车床的调试时，控制回路试车时，检查控制变压器一次侧为500V、二次侧为24V、6V、110V。（   ）

115．CA6140型车床主回路加电试车时，经过一段时间试运行，观察、检查电动机有无异常响声、异味、冒烟、振动和温升过高等异常现象。（   ）

116．CA6140型车床主回路加电试车时，经过一段时间试运行，观察、检查电动机有无异常响声、异味、冒烟、振动和温升过低等异常现象。（   ）

117．Z535钻床调试前的准备时，将有关图样和安装、调试、使用、维修说明书准备好。（   ）

118．Z535钻床调试前的准备时，将有关技术说明和安装、调试、使用、维修说明书准备好。（   ）

119. Z535 钻床调试前的准备时，将电工工具、兆欧表、万用表和钳形电流表准备好。
（　　）

120. Z535 钻床调试前的准备时，将电工工具、兆欧表、万用表和转速表准备好。
（　　）

121. Z535 钻床调试前的准备时，测量电动机 M_1、M_2 各绕组间和对地的绝缘电阻是否大于 0.5 兆欧。（　　）

122. Z535 钻床调试前的准备时，测量电动机 M_1、M_2 各绕组间和对地的绝缘电阻是否大于 3 兆欧。（　　）

123. Z535 钻床调试前的准备时，测量线路对地电阻是否大于 3 兆欧。（　　）

124. Z535 钻床调试前的准备时，测量线路对地电阻是否大于 2 兆欧。（　　）

125. Z535 钻床调试前的准备时，检查电动机是否转动灵活，轴承有无缺油等异常现象。
（　　）

126. Z535 钻床调试前的准备时，检查电动机是否转动灵活，轴承有无漏油等异常现象。
（　　）

127. Z535 钻床控制回路试车时，将 QS_1 接通，用万用表测量 FU_1 进线处应有三相 380V 交流电压。（　　）

128. Z535 钻床控制回路试车时，将 QS_1 接通，用万用表测量 FU_1 进线处应有三相 127V 交流电压。（　　）

129. Z535 钻床控制回路试车时，将 QS_1 接通，用万用表测量变压器一次侧有 380V、220V 交流电压。（　　）

130. Z535 钻床控制回路试车时，将 QS_1 接通，用钳形电流表测量变压器一次侧有 380V、220V 交流电压。（　　）

131. Z535 钻床控制回路试车时，将 QS_1 接通，用万用表测量变压器二次侧有 24V 交流电压。（　　）

132. Z535 钻床控制回路试车时，将 QS_1 接通，用万用表测量变压器二次侧有 127V 交流电压。（　　）

133. Z535 钻床控制主回路试车时，在停电状态下，调整热继电器。（　　）

134. Z535 钻床控制主回路试车时，在停电状态下，调整接触器。（　　）

135. Z535 钻床控制主回路试车时，在停电状态下，调整热继电器，使其动作电流为主轴电动机额定电流的 1.2 倍左右。（　　）

136. Z535 钻床控制主回路试车时，在停电状态下，调整热继电器，使其动作电流为主轴电动机额定电流的 2 倍左右。（　　）

137. 测量电动机三相绕组间、对地绝缘电阻应大于 $0.5M\Omega$。（　　）

138. 测量电动机三相绕组间、对地绝缘电阻应小于 $0.5M\Omega$。（　　）

139. 用兆欧表对电路进行测试，检查元器件及导线绝缘是否良好，相间或相线与底板之间有无短路现象。（　　）

140. 用兆欧表对电路进行测试，检查元器件及导线绝缘是否良好，相间或相线与底板之间有无断路现象。（　　）

141. 用手转动电动机转轴，观察电动机转动是否灵活，有无噪声及卡住现象。（   ）
142. 用专用工具转动电动机转轴，观察电动机转动是否灵活，有无噪声及卡住现象。
（   ）
143. 电动机启动后，注意听和观察电动机有无异常声音及转向是否正确。（   ）
144. 电动机启动后，注意听和观察电动机有无抖动现象及转向是否正确。（   ）
145. 启动电动机前，应用钳形电流表卡住电动机三根引线的其中一根，测量电动机的启动电流。（   ）
146. 启动电动机过程中，应用电流表卡住电动机三根引线的其中一根，测量电动机的启动电流。（   ）
147. 电动机的启动电流一般是额定电流的5～7倍。（   ）
148. 电动机的启动电流一般是额定电流的4～7倍。（   ）
149. 电动机正常运行后，测量电动机三相电流应平衡，空载和有负载时电流是否超过额定值。（   ）
150. 电动机正常运行后，测量电动机三相电流应平衡，空载和有负载时电流是否等于额定值。（   ）
151. 电动机三相电流正常，使电动机运行30min，运行中经常测试电动机的外壳温度，检查长时间运行中的温升是否太高或太快。（   ）
152. 电动机三相电流正常，使电动机运行10min，运行中经常测试电动机的外壳温度，检查长时间运行中的温升是否太高或太快。（   ）

七、故障分析与排除

（一）选择题

1. 线路绝缘电阻的测量，可用（   ）测量线路的绝缘电阻。
   A．万用表的电阻挡　　　　　　　B．兆欧表
   C．接地摇表　　　　　　　　　　D．钳形表
2. 用绝缘带包缠导线恢复绝缘时，要注意（   ），更不允许露出芯线，以免发生触电或短路事故。
   A．不能过密　　B．不能重叠　　C．不能过疏　　D．均匀
3. 电缆线路故障的原因有：机械损伤、护层腐蚀、过电压、（   ）。
   A．过载　　　　B．散热不良　　C．超高温　　　D．过热
4. 用（   ）寻找断线、相间低电阻短路故障很方便。
   A．感应法　　　B．声测法　　　C．兆欧表　　　D．电桥
5. 用感应法寻找（   ）故障很方便。
   A．相间短路　　　　　　　　　　B．多相短路
   C．多相接地　　　　　　　　　　D．断线、相间低电阻短路
6. 用感应法寻找断线、相间低电阻短路故障很方便，但不宜寻找（   ）短路及单相接地故障。

A．低电阻　　　B．高电阻　　　C．多相　　　D．单相

7．长期运行的母线槽至少每年定期维修检查（　　）。

A．五次　　　B．三次　　　C．两次　　　D．一次

8．工作接地的接地电阻每隔（　　）检查一次。

A．半年　　　B．一年　　　C．半年或一年　　　D．两年

9．拆除风扇罩及风扇叶轮时，将固定风扇罩的螺钉拧下来，用（　　）在与轴平行的方向从不同的位置上向外敲打风扇罩。

A．木锤　　　B．铁锤　　　C．钳子　　　D．扳手

10．电动机装轴承时，用煤油将轴承及轴承盖清洗干净，检查轴承有无裂纹、是否灵活、（　　），如有问题则需更换。

A．间隙是否过小　　　B．是否无间隙

C．间隙是否过大　　　D．变化很大

11．安装转子时，转子对准定子中心，沿着定子圆周的（　　）将缓缓地向定子里送进，送进过程中不得碰擦定子绕组。

A．对角线　　　B．中心线　　　C．垂直线　　　D．平行线

12．对于低压电动机，如果测得绝缘电阻小于（　　），应及时修理。

A．3MΩ　　　B．2MΩ　　　C．1MΩ　　　D．0.5MΩ

13．三相异步电动机的常见故障有：（　　）、电动机振动、电动机启动后转速低或转矩小。

A．机械过载过大　　　B．电动机过热

C．电压严重不平衡　　　D．铁心变形

14．进行集电环修理时，如果集电环表面的烧伤、凹凸沟槽深度达 1mm 左右，损伤面积达（　　）时，应上车床进行车削。

A．5%～10%　　　B．10%～20%　　　C．20%～30%　　　D．30%～40%

15．用（　　）逐相测量定子绕组与外壳的绝缘电阻，当转动摇柄时，指针指到零，说明绕组接地。

A．兆欧表　　　B．万用表　　　C．接地摇表　　　D．钳形表

16．三相异步电动机定子绕组检修时，用短路探测器检查短路点，若检查的线圈有短路，则串在探测器回路的电流表读数（　　）。

A．就小　　　B．不变　　　C．等于零　　　D．就大

17．三相异步电动机定子绕组用电压降压法检修时，为查出某一相短路故障，先在另一相加入低压交流电，在另外两相测感应电压，有短路的那相的感应电压（　　）。

A．无穷大　　　B．为零　　　C．偏大　　　D．偏小

18．测定电动机绕线组冷态直流电阻时，（　　）1Ω可用单臂电桥。

A．大于　　　B．小于　　　C．等于　　　D．大于等于

19．测定电动机绕线组冷态直流电阻时，小于1Ω必须用（　　）。

A．单臂电桥　　　B．摇表　　　C．接地摇表　　　D．双臂电桥

20．电动机绝缘电阻的测量，对（　　）及以下的低压电动机，可采用500V兆欧表。

A．380V　　　B．500V　　　C．1000V　　　D．500～1000V

21．电动机绝缘电阻的测量，对 500V 以上的电动机，应采用（　　）的兆欧表。
　　A．380V　　　　B．500V　　　　C．1000V　　　　D．1000V 或 2500V
22．电动机绝缘电阻的测量，对于常用的低压电动机，热态下的绝缘电阻不得（　　）0.5MΩ。
　　A．低于　　　　B．高于　　　　C．等于　　　　D．大于等于
23．电动机绝缘电阻的测量，对于常用的低压电动机，3～6kV 的高压电阻不得低于（　　）。
　　A．2MΩ　　　　B．5MΩ　　　　C．10MΩ　　　　D．20MΩ
24．进行三相异步电动机对地绝缘耐压试验时，当线圈是（　　）修理时，试验电压可低些，低压电机的实验电压为额定电压再加上 500V。
　　A．局部　　　　B．整个　　　　C．大部分　　　　D．少部分
25．进行三相异步电动机对地绝缘耐压试验时，当线圈是局部修理时，试验电压可低些，高压电机则为（　　）倍的额定电压。
　　A．1.0　　　　B．1.3　　　　C．1.5　　　　D．2.0
26．进行三相异步电动机对地绝缘耐压试验时，当线圈是局部修理时，对于 380V 以下的电机，若无高压实验设备，可用 1000V 的（　　）作为实验电源，摇测 1min。
　　A．兆欧表　　　　B．接地摇表　　　　C．电桥　　　　D．欧姆表
27．小型变压器的修理，接通电源无电压输出时，如果一次回路有电压而无电流，一般是一次绕组出线端头（　　）。
　　A．接通　　　　B．断裂　　　　C．对地　　　　D．损坏
28．小型变压器的修理，接通电源无电压输出时，若一次回路有较小的电流，而二次回路（　　），则一般是二次绕组的出线端头断裂。
　　A．有电压无电流　　　　　　　B．无电压有电流
　　C．有较大电流　　　　　　　　D．既无电压也无电流
29．小型变压器线圈的绝缘处理，将线圈放在电烘箱内加温到（　　），保温 6h，然后立即侵入绝缘清漆中约 0.5h，取出后放在通风处阴干，再放进烘箱加温到 80℃，烘 12h 即可。
　　A．70℃～80℃　　B．60℃～80℃　　C．50℃～80℃　　D．40℃～80℃
30．小型变压器绝缘电阻测试，用兆欧表测量各绕组之间和它们对铁心的绝缘电阻，其值不应低于（　　）。
　　A．20MΩ　　　　B．10MΩ　　　　C．5MΩ　　　　D．1MΩ
31．小型变压器空载电压的测试，一次侧加上额定电压，测量二次侧空载电压的允许误差应小于（　　）。
　　A．±40%　　　　B．±30%　　　　C．±20%　　　　D．±10%
32．接触器触点的整形修理时，当电流过大、灭弧装置失效、触点容量过小或因触点弹簧损坏，初压力过小时，触点（　　）电路时会产生电弧。
　　A．闭合　　　　B．断开　　　　C．导电　　　　D．闭合或断开
33．接触器触点的开距是指触点在（　　）时，动、静触点之间的最短距离。
　　A．完全闭合　　　B．完全分开　　　C．闭合一半　　　D．分开一半

34. 接触器触点的超程是指触点（　　）后，动触点发生的位移。
    A．分开一半　　B．闭合一半　　C．完全分开　　D．完全闭合
35. 测量接触器桥式触点终压力，测量时要注意拉力方向应（　　）触点接触线方向。
    A．平行于　　B．对准于　　C．相交于　　D．垂直于
36. 接触器的主触点通断时，三相应保证同时通断，其先后误差不得超过（　　）。
    A．2ms　　B．1.5ms　　C．1ms　　D．0.5ms
37. 当热继电器的环境温度高于电动机的环境温度，热继电器的整定电流值应（　　）修正。
    A．向下　　B．向上　　C．向左　　D．向右
38. 热继电器的环境温度与电动机的环境温度，一般相差（　　）时，修正值约为10%。
    A．5℃～20℃　　B．10℃～20℃　　C．15℃～20℃　　D．18℃～20℃
39. 电磁式继电器检测与要求，对于一般桥式触点，常开触点的开距不小于（　　）。
    A．1.5mm　　B．2.5mm　　C．3.5mm　　D．4.5mm
40. 电磁式继电器检测与要求，对于一般桥式触点，吸合时的超额行程（　　）1.5mm。
    A．不大于　　B．不小于　　C．等于　　D．不等于
41. 过电流继电器动作值的整定，对于交流继电器应按电动机（　　）的120%～130%进行整定。
    A．启动电流　　B．运行电流　　C．停止电流　　D．额定电流
42. 过电流继电器动作值的整定，对于直流继电器应按电动机最大工作冲击电流的（　　）进行整定。
    A．80%～85%　　B．90%～95%　　C．100%～105%　　D．110%～115%
43. 时间继电器的整定，延时在3s以上的一般时间继电器，可用（　　）计取时间。
    A．电子秒表　　B．秒表　　C．手表　　D．其他
44. 时间继电器的整定，延时在3s以下的一般时间继电器采用（　　）取时间，靠时间继电器的延时触点控制的方法来记取时间。
    A．手表　　B．跑表　　C．电气秒表　　D．其他
45. 低压断路器触点的磨损超过厚度的1/3以上或超程减少到（　　）时，就应更换新触点。
    A．1/5　　B．1/4　　C．1/6　　D．1/2
46. 检修CA6140型车床时，当启动主轴时，电动机不转的原因是：如果KM_1不吸合，则检查（　　）。
    A．FR_1动作未复位　　　　　　　　B．FR_2动作未复位
    C．熔断器FU_2熔断　　　　　　　　D．以上都正确
47. 检修CA6140型车床时，主轴能启动，但不能自锁，则检查（　　）。
    A．KM_1的自锁触点接触是否良好　　B．自锁回路连线是否接好
    C．按钮是否有问题　　　　　　　　D．含A、B两项
48. 检修CA6140型车床时，按停止按钮，主轴不停转的原因是（　　）。
    A．接触器主触点因熔焊而粘死　　　B．接触器内部有机械卡死现象

C. 按钮常闭触头不能断开　　　　　　D. 以上都正确

49. 检修 CA6140 型车床时，按下刀架快速移动按钮，刀架不移动，如果 KM_3 吸合，则应检查（　　）。

　　A. KM_3 线圈　　　　　　　　　　　B. 刀架快速移动按钮
　　C. 快速移动电动机　　　　　　　　　D. 冷却电动机

50. 接地系统中，（　　）不应放在车间内，最好离开车间门及人行道 5m，不得小于 2.5m。

　　A. 人工接地体　　B. 自然接地体　　C. 接地装置　　D. 接地线

51. 接地系统中，人工接地体不应放在车间内，最好离开车间门及人行道 5m，不得小于（　　）。

　　A. 5.5m　　　　B. 4.5m　　　　C. 3.5m　　　　D. 2.5m

52. 三相异步电动机在刚启动的瞬间，转子、定子中的电流是（　　）的。

　　A. 很小　　　　B. 为零　　　　C. 很大　　　　D. 与平时一样

53. 三相异步电动机在刚启动的瞬间，定子中的启动电流是其额定电流的（　　）倍。

　　A. 3～7　　　　B. 6～7　　　　C. 5～7　　　　D. 4～7

54. 频敏变阻器的特点是它的电阻值随转速的上升而自动平滑地（　　），使电动机能够平稳地启动，但其功率因数较低。

　　A. 下降　　　　B. 上升　　　　C. 减小　　　　D. 增加

55. 三相异步电动机在转子电路串接电阻时，转子回路串接不同阻值的电阻，阻值越大，特性越软，在一定转矩时转速（　　）。

　　A. 也就越高　　B. 为零　　　　C. 为无穷大　　D. 也就越低

56. 由于变压器一次、二次绕组有电阻和漏感，负载电流通过这些漏阻抗产生内部电压降，其二次侧端（　　）随负载的变化而变化。

　　A. 电流　　　　B. 电阻　　　　C. 电容　　　　D. 电压

（二）判断题

1. 线路绝缘电阻的测量，可用兆欧表测量线路的绝缘电阻。　　　　　　　　　　（　　）
2. 用绝缘带包缠导线恢复绝缘时，要注意不能过疏，更不允许露出芯线，以免发生触电事故。　　　　　　　　　　　　　　　　　　　　　　　　　　　　　　　（　　）
3. 电缆线路故障的原因有：机械损伤、护层腐蚀、过电压、过热。　　　　　　（　　）
4. 电缆线路故障的原因有：机械损伤、保护层损坏、过电压、过热。　　　　　（　　）
5. 用感应法寻找断线、相间低电阻短路故障很方便，但不宜寻找高电阻短路及单相接地故障。　　　　　　　　　　　　　　　　　　　　　　　　　　　　　　（　　）
6. 用声测法寻找断线、相间低电阻短路故障很方便，但不宜寻找高电阻短路及单相接地故障。　　　　　　　　　　　　　　　　　　　　　　　　　　　　　　（　　）
7. 长期运行的母线槽至少每年定期维修检查一次。　　　　　　　　　　　　　（　　）
8. 短期运行的母线槽至少每年定期维修检查一次。　　　　　　　　　　　　　（　　）
9. 工作接地的接地电阻每隔半年或一年检查一次。　　　　　　　　　　　　　（　　）
10. 工作接地的接地电阻每隔半年或一年检查两次。　　　　　　　　　　　　　（　　）

11．拆除风扇罩及风扇叶轮时，将固定风扇罩的螺钉拧下来，用木锤在与轴平行的方向从不同的位置上向外敲打风扇罩。（　　）

12．拆除风扇罩及风扇叶轮时，将固定风扇罩的螺钉拧下来，用木锤在与轴平行的方向从不同的位置上向上敲打风扇罩。（　　）

13．电动机装轴承时，用煤油将轴承及轴承盖清洗干净，检查轴承有无裂纹、是否灵活、间隙是否过大，如有问题则需更换。（　　）

14．电动机装轴承时，用机油将轴承及轴承盖清洗干净，检查轴承有无裂纹、是否灵活、间隙是否过大，如有问题则需更换。（　　）

15．安装转子时，转子对准定子中心，沿着定子圆周的中心线将缓缓地向定子里送进，送进过程中不得碰擦定子绕组。（　　）

16．安装转子时，转子对准定子中心，沿着定子圆周的对角线将缓缓地向定子里送进，送进过程中不得碰擦定子绕组。（　　）

17．对于低压电动机，如果测得绝缘电阻小于 0.5MΩ，应及时修理。（　　）

18．对于低压电动机，如果测得绝缘电阻大于 0.5MΩ，应及时修理。（　　）

19．三相异步电动机的常见故障有：电动机过热、电动机振动、电动机启动后转速低或转矩小。（　　）

20．三相异步电动机的常见故障有：电动机过热、铁心变形、电动机启动后转速低或转矩小。（　　）

21．进行集电环修理时，如果集电环表面的烧伤、凹凸沟槽深度达 1mm 左右，损伤面积达 20%～30%时，应上车床进行车削。（　　）

22．进行电刷修理时，如果集电环表面的烧伤、凹凸沟槽深度达 1mm 左右，损伤面积达 20%～30%时，应上车床进行车削。（　　）

23．用兆欧表逐相测量定子绕组与外壳的绝缘电阻，当转动摇柄时，指针指到零，说明绕组接地。（　　）

24．用兆欧表逐相测量定子绕组与外壳的绝缘电阻，当转动摇柄时，指针指到无穷大，说明绕组接地。（　　）

25．三相异步电动机定子绕组检修时，用短路探测器检查短路点，若检查的线圈有短路，则串在探测器回路的电流表读数就大。（　　）

26．三相异步电动机定子绕组检修时，用短路探测器检查短路点，若检查的线圈有短路，则串在探测器回路的电流表读数就小。（　　）

27．三相异步电动机定子绕组用电压降压法检修时，为查出某一相短路故障，先在另一相加入低压交流电，在另外两相测感应电压，有短路的那相的感应电压偏小。（　　）

28．三相异步电动机定子绕组用电压降压法检修时，为查出某一相接地故障，先在另一相加入低压交流电，在另外两相测感应电压，有短路的那相的感应电压偏小。（　　）

29．测定电动机绕线组冷态直流电阻时，大于1Ω可用单臂电桥。（　　）

30．测定电动机绕线组冷态直流电阻时，小于1Ω必须用单臂电桥。（　　）

31．电动机绝缘电阻的测量，对 500V 及以下的低压电动机，可采用 500V 兆欧表。（　　）

32．电动机绝缘电阻的测量，对 500V 以上的电动机，应采用 1000V 或 2500V 的兆欧表。
（   ）

33．电动机绝缘电阻的测量，对于常用的低压电动机，热态下的绝缘电阻不得低于 0.5MΩ；3～6kV 的高压电阻不得低于 20MΩ。（   ）

34．电动机绝缘电阻的测量，对于常用的低压电动机，常温下绝缘电阻不得低于 5MΩ。
（   ）

35．进行三相异步电动机对地绝缘耐压试验时，当线圈是局部修理时，试验电压可低些，低压电机的实验电压为额定电压再加上 500V，高压电机则为 1.3 倍的额定电压。（   ）

36．进行三相异步电动机对地绝缘耐压试验时，当线圈是局部修理时，试验电压可低些，低压电机的实验电压为额定电压再加上 500V，高压电机则为 2.0 倍的额定电压。（   ）

37．进行三相异步电动机对地绝缘耐压试验时，当线圈是局部修理时，对于 380V 以下的电机，若无高压实验设备，可用 1000V 的兆欧表作为实验电源，摇测 1min。（   ）

38．进行三相异步电动机对地绝缘耐压试验时，当线圈是局部修理时，对于 380V 以下的电机，若无高压实验设备，可用 500V 的兆欧表作为实验电源，摇测 1min。（   ）

39．小型变压器的修理，接通电源无电压输出时，如果一次回路有电压而无电流，一般是一次绕组出线端头断裂。（   ）

40．小型变压器的修理，接通电源无电压输出时，若一次回路有较小的电流，而二次回路既无电压也无电流，则一般是二次绕组的出线端头断裂。（   ）

41．小型变压器线圈的绝缘处理，将线圈放在电烘箱内加温到 70℃～80℃，保温 6h，然后立即侵入绝缘清漆中约 0.5h，取出后放在通风处阴干，再放进烘箱加温到 80℃，烘 12h 即可。（   ）

42．小型变压器线圈的绝缘处理，将线圈放在电烘箱内加温到 70℃～80℃，保温 6h，然后立即侵入绝缘清漆中约 0.5h，取出后放在通风处阴干，再放进烘箱加温到 40℃，烘 12h 即可。（   ）

43．小型变压器绝缘电阻测试，用兆欧表测量各绕组之间和它们对铁心的绝缘电阻，其值不应低于 1MΩ。（   ）

44．小型变压器绝缘电阻测试，用兆欧表测量各绕组之间和它们对铁心的绝缘电阻，其值不应等于 1MΩ。（   ）

45．小型变压器空载电压的测试，一次侧加上额定电压，测量二次侧空载电压的允许误差应小于±10%。（   ）

46．小型变压器空载电压的测试，一次侧加上额定电压，测量二次侧空载电压的允许误差应大于±10%。（   ）

47．接触器触点的整形修理时，当电流过大、灭弧装置失效、触点容量过小或因触点弹簧损坏，初压力过小时，触点闭合或断开电路时会产生电弧。（   ）

48．接触器触点的整形修理时，当电流过大、灭弧装置失效、触点容量过小或因触点弹簧损坏，初压力过大时，触点闭合或断开电路时会产生电弧。（   ）

49．接触器触点的开距是指触点在完全分开时，动、静触点之间的最短距离。（   ）

50．接触器触点的超程是指触点完全闭和后，动触点发生的位移。（   ）

51. 测量接触器桥式触点终压力，测量时要注意拉力方向应垂直于触点接触线方向。（ ）

52. 测量接触器桥式触点终压力，测量时要注意拉力方向应平行于触点接触线方向。（ ）

53. 接触器的主触点通断时，三相应保证同时通断，其先后误差不得超过 0.5ms。（ ）

54. 接触器的主触点通断时，三相应保证同时通断，其先后误差不得低于 0.5ms。（ ）

55. 当热继电器的环境温度高于电动机的环境温度，热继电器的整定电流值应向上修正。（ ）

56. 热继电器的环境温度与电动机的环境温度，一般相差 15℃～20℃时，修正值约为 10%。（ ）

57. 电磁式继电器检测与要求，对于一般桥式触点，常开触点的开距不小于 3.5mm。（ ）

58. 电磁式继电器检测与要求，对于一般桥式触点，吸合时的超额行程不大于 1.5mm。（ ）

59. 过电流继电器动作值的整定，对于交流继电器应按电动机启动电流的 120%～130% 进行整定。（ ）

60. 过电流继电器动作值的整定，对于交流继电器应按电动机运行电流的 120%～130% 进行整定。（ ）

61. 时间继电器的整定，延时在 3s 以上的一般时间继电器，可用秒表计取时间。（ ）

62. 时间继电器的整定，延时在 3s 以下的一般时间继电器采用跑表计取时间，靠时间继电器的延时触点控制的方法来记取时间。（ ）

63. 低压断路器触点的磨损超过厚度的 1/3 以上或超程减少到 1/2 时，应更换新触点。（ ）

64. 低压断路器触点的磨损超过宽度的 1/3 以上或超程减少到 1/2 时，应更换新触点。（ ）

65. 检修 CA6140 型车床时，主轴能启动，但不能自锁，则检查按钮是否有问题。（ ）

66. 检修 CA6140 型车床时，按下刀架快速移动按钮，刀架不移动，如果 KM_3 吸合，则应检查快速移动电动机。（ ）

67. 接地系统中，人工接地体不应放在车间内，最好离开车间门及人行道 5m，不得小于 2.5m。（ ）

68. 接地系统中，人工接地体不应放在车间内，最好离开车间门及人行道 5m，不得大于 2.5m。（ ）

69. 三相异步电动机在刚启动的瞬间，转子、定子中的电流是很大的。（ ）

70. 三相异步电动机在刚启动的瞬间，定子中的启动电流是其额定电流的 3～6 倍。（ ）

71. 频敏变阻器的特点是它的电阻值随转速的上升而自动平滑地减小，使电动机能够平稳地启动，但其功率因数较低。（ ）

72. 频敏变阻器的特点是它的电阻值随转速的上升而自动平滑地减小，使电动机能够平稳地启动，但其功率因数较高。（ ）

73. 三相异步电动机在转子电路串接电阻时，转子回路串接不同阻值的电阻，阻值越大，特性越软，在一定转矩时转速也就越低。（ ）

74. 三相异步电动机在转子电路串接电阻时，转子回路串接不同阻值的电阻，阻值越大，特性越硬，在一定转矩时转速也就越低。（ ）

75. 由于变压器一次、二次绕组有电阻和漏感，负载电流通过这些漏阻抗产生内部电压降，其二次侧端电压随负载的变化而变化。（ ）

76. 由于变压器一次、二次绕组有电阻和漏感，负载电流通过这些漏阻抗产生内部电压降，其二次侧端电阻随负载的变化而变化。（ ）

第三节 操作技能试题

一、基本操作技能

1. 进行 7/1.7 多股铜导线的 T 字分支连接，并在连接处进行绝缘恢复。
2. 用护套线装接一个插座并两地控制一盏白炽灯的线路，然后试灯。
3. 用 PVC 管明装两地控制的双管日光灯，然后试灯。
4. 用塑料槽板装接两地控制一盏白炽灯并有一个插座的线路，然后试灯。
5. 安装一只高压钠灯，选用线材并接线。
6. 在沿墙安装好的 A 字铁架或一字铁架上固定好蝶形瓷瓶，进行导线始、终端绑扎和直线绑扎。
7. 三相四线电能表经电流互感器测量三相有功负荷的量电装置的安装。
8. 进行 CJ10-20 型交流接触器的拆装及试运行。
9. 绕制 BK-50 型，220/36V 控制变压器一次线圈。
10. 正确进行锯割，并在 50mm 以下镀锌铁管上进行套丝。
11. 用电弧焊对接角钢。
12. 用游标卡尺测量导线直径并计算导线截面。
13. 有一单相功率 400W 的手电钻，试选用其电源线类型并写出导线型号规格及接线。
14. 根据触电者无呼吸无心跳的状况选择急救方法，在模拟人体上进行正确操作。

二、安装与调试

1. 安装和调试三相异步电动机按钮联锁正反转控制电路。
2. 设计并安装一个既能点动又能连续运行，具有短路保护、过载保护、欠压和失压保护的三相异步电动机控制电路。
3. 安装和调试三相异步电动机星—三角启动控制电路。
4. 安装和调试两台三相异步电动机顺序启动控制电路。
5. 单级放大电路印刷电路板的安装与调试。
6. 安装和调试晶体管稳压电路。
7. 安装和调试简单的晶闸管调光电路。

8. 按工艺规程，进行 10kW 以下单相异步电动机的拆装及调试。

三、故障分析与排除

1. 检修三相异步电动机Y-△自动降压启动控制线路的故障。
2. 检修 C6140 型车床电气线路的故障。
3. 检修 M7120 型磨床电气线路的简单故障。
4. 检修 C6163B 型车床的电气线路故障。
5. 检修 5t 以下起重机械的电气线路故障。
6. 单级放大电路印装电路板的检修。
7. 检修整流和滤波电路板。
8. 检修简单的串联型稳压电路。
9. 检修复杂系数与简单的稳压电路相当的其他电子设备
10. 检修单相变压器上的隐蔽故障并作修复后的一般试验。
11. 检修单相异步电动机的隐蔽故障并作修复后的一般试验。
12. 检修 55kW 以下三相异步电动机的故障并作修复后的一般试验。
13. 检修车间动力线路故障。

四、仪器与仪表

1. 用万用表判断二极管的好坏、极性及材料。
2. 用万用表判断三相异步电动机定子绕组的首末端。
3. 用兆欧表测量三相异步电动机定子绕组相间绝缘电阻及对地绝缘电阻并将三相电动机接成 D（△）或 Y 形，用钳形电流表测量电流。
4. 电流表的选择、使用及维护
5. 用交流电压表测量电压
6. 用钳型电流表测量三相笼型异步电动机电流。
7. 用离心式转速表测量交流电动机的转速，并计算出电动机的同步转速及磁极对数。
8. 使用一台三相四线电度表经电流互感器测量一台电动机的用电量。
9. 使用三台单相电度表测量一台电动机的用电量。
10. 使用两台单相电度表测量一台电动机的用电量。

第四节　理论知识模拟试卷

（一）选择题

1. 在市场经济条件下，（　　）是职业道德社会功能的重要表现。
   A．克服利益导向　　　　　　　　B．遏制牟利最大化
   C．增强决策科学化　　　　　　　D．促进员工行为的规范化

2. 下列选项中属于企业文化功能的是（   ）。
   A．整合功能　　　　　　　　　　　B．技术培训功能
   C．科学研究功能　　　　　　　　　D．社交功能
3. 职业道德通过（   ），起着增强企业凝聚力的作用。
   A．协调员工之间的关系　　　　　　B．增加职工福利
   C．为员工创造发展空间　　　　　　D．调节企业与社会的关系
4. 在职业交往活动中，符合仪表端庄具体要求的是（   ）。
   A．着装华贵　　　　　　　　　　　B．适当化妆或戴饰品
   C．饰品俏丽　　　　　　　　　　　D．发型要突出个性
5. 电压的方向规定由（   ）。
   A．低电位点指向高电位点　　　　　B．高电位点指向低电位点
   C．低电位指向高电位　　　　　　　D．高电位指向低电位
6. 串联电路中流过每个电阻的电流都（   ）。
   A．电流之和　　　　　　　　　　　B．相等
   C．等于各电阻流过的电流之和　　　D．分配的电流与各电阻值成正比
7. 并联电路中的总电流等于各电阻中的（   ）。
   A．倒数之和　　　　　　　　　　　B．相等
   C．电流之和　　　　　　　　　　　D．分配的电流与各电阻值成正比
8. （   ）的一端连在电路中的一点，另一端也同时连在另一点，使每个电阻两端都承受相同的电压，这种连接方式叫电阻的并联。
   A．两个相同电阻　　　　　　　　　B．一大一小电阻
   C．几个相同大小的电阻　　　　　　D．几个电阻
9. 电功的数学表达式不正确的是（   ）。
   A．$W=Ut$　　B．$W=UIt$　　C．$W=Pt$　　D．$W=i^2Rt$
10. 把垂直穿过磁场中某一截面的磁力线条数叫做磁通或磁通量，单位为（   ）。
    A．T　　　　B．Φ　　　　C．H/m　　　D．A/m
11. 单位面积上垂直穿过的磁力线数叫做（   ）。
    A．磁通或磁通量　B．磁导率　　C．磁感应强度　D．磁场强度
12. 磁场强度的方向和所在点的（   ）的方向一致。
    A．磁通或磁通量　B．磁导率　　C．磁场强度　　D．磁感应强度
13. 电感两端的电压超前电流（   ）。
    A．90°　　　　B．180°　　　C．360°　　　D．30°
14. 电容两端的电压滞后电流（   ）。
    A．30°　　　　B．90°　　　　C．180°　　　D．360°
15. 三相电动势到达最大的顺序是不同的，这种达到最大值的先后次序，称三相电源的相序，若最大值出现的顺序为 V-U-W-V，称为（   ）。
    A．正序　　　　B．负序　　　　C．顺序　　　　D．相序
16. 相线与相线间的电压称线电压。它们的相位相差（   ）。

         A．45°   B．90°   C．120°   D．180°
17．变压器是将一种交流电转换成（   ）的另一种交流电的静止设备。
         A．同频率   B．不同频率   C．同功率   D．不同功率
18．变压器具有改变（   ）的作用。
         A．交变电压   B．交变电流   C．变换阻抗   D．以上都是
19．导通后二极管两端电压变化很小，锗管约为（   ）。
         A．0.5V   B．0.7V   C．0.3V   D．0.1V
20．当二极管外加电压时，反向电流很小，且不随（   ）变化。
         A．正向电流   B．正向电压   C．电压   D．反向电压
21．三极管放大区的放大条件为（   ）。
         A．发射结正偏，集电结反偏   B．发射结反偏或零偏，集电结反偏
         C．发射结和集电结正偏   D．发射结和集电结反偏
22．Y—D 降压启动的指电动机启动时，把（   ）联结成 Y 形，以降低启动电压，限制启动电流。
         A．定子绕组   B．电源   C．转子   D．定子和转子
23．按钮联锁正反转控制线路的优点是操作方便，缺点是容易产生电源两相短路事故。在实际工作中，经常采用按钮，接触器双重联锁（   ）控制线路。
         A．点动   B．自锁   C．顺序启动   D．正反转
24．交流电压的量程有 10V，100V，500V 三挡。用毕应将万用表的转换开关转到（   ），以免下次使用不慎而损坏电表。
         A．低电阻挡   B．低电阻挡   C．低电压挡   D．高电压挡
25．潮湿场所的电气设备使用时的安全电压为（   ）。
         A．9V   B．12V   C．24V   D．36V
26．凡工作地点狭窄、工作人员活动困难，周围有大面积接地导体或金属构架，因而存在高度触电危险的环境以及特别的场所，则使用时的安全电压为（   ）。
         A．9V   B．12V   C．24V   D．36V
27．（   ）的工频电流通过人体时，就会有生命危险。
         A．0.1mA   B．1mA   C．15mA   D．50mA
28．下列电磁污染形式不属于自然的电磁污染的是（   ）。
         A．火山爆发   B．地震   C．雷电   D．射频电磁污染
29．劳动者的基本权利包括（   ）等。
         A．完成劳动任务   B．提高职业技能
         C．执行劳动安全卫生规程   D．获得劳动报酬
30．根据劳动法的有关规定，（   ），劳动者可以随时通知用人单位解除劳动合同。
         A．在试用期间被证明不符合录用条件的
         B．严重违反劳动纪律或用人单位规章制度的
         C．严重失职、营私舞弊，对用人单位利益造成重大损害的

D. 用人单位未按照劳动合同约定支付劳动报酬或者是提供劳动条件的

31. 短路探测器是一种开口的（　　）。
　　A. 变压器　　　　B. 继电器　　　　C. 调压器　　　　D. 接触器
32. 游标卡尺测量前应清理干净，并将两量爪（　　），检查游标卡尺的精度情况。
　　A. 合并　　　　B. 对齐　　　　C. 分开　　　　D. 错开
33. 测量前将千分尺（　　）擦拭干将后检查零位是否正确。
　　A. 固定套筒　　B. 测量面　　　C. 微分筒　　　D. 测微螺杆
34. 控制回路一般采用（　　）的单股塑料铜芯线。
　　A. 0.5mm²　　　B. 1mm²　　　　C. 2mm²　　　　D. 2.5mm²
35. 热敏电阻式温度继电器应用较广，它的（　　）同一般晶体管式时间继电器相似。
　　A. 原理　　　　B. 外形　　　　C. 结构　　　　D. 接线方式
36. YJ-1 系列的压力继电器技术数据中，信号压力为（　　）Mpa。
　　A. 0.1～0.2　　B. 0.2～0.3　　C. 0.2～0.4　　D. 0.1～0.4
37. 晶体管时间继电器也称（　　）时间继电器，是自动控制系统中的重要元件。
　　A. 导体　　　　B. 半导体　　　C. 气囊式　　　D. 电子式
38. 直径 19mm 以下电线管的线管配线时，穿管导线的总面积不得超过线管内径截面积的（　　）。线管的管径可根据有关表格来选择。
　　A. 20%　　　　B. 40%　　　　C. 60%　　　　D. 80%
39. Z535 型钻床由（　　）对电动机、控制线路及照明系统进行短路保护。
　　A. 熔断器　　　B. 热继电器　　C. 低压断路器　D. 接触器
40. 5t 桥式起重机线路中，凸轮控制器的手柄顺序工作到（　　）时，电阻器完全被短接，绕组中的电阻值为零，电动机处于最高速运转。
　　A. 第五挡　　　B. 第四挡　　　C. 第三挡　　　D. 第二挡
41. 起重机的保护配电柜，柜中电器元件主要有：三相刀闸开关、供电用的主接触器和总电源过电流继电器及各传动电动机保护用的（　　）等。
　　A. 热继电器　　B. 时间继电器　C. 电压继电器　D. 过电流继电器
42. CA6140 型车床电动机 M_2、M_3 的短路保护由 FU_1 来实现，M_1 和 M_2 的过载保护是由各自的（　　）来实现的，电动机采用接触器控制。
　　A. 熔断器　　　B. 接触器　　　C. 低压断路器　D. 热继电器
43. 5t 桥式起重机线路中，各电动机的（　　），通常分别整定在所保护电动机额定电流的 2.25～2.5 倍。
　　A. 过电流继电器　B. 主接触器　　C. 过电压继电器　D. 热继电器
44. 在 5t 桥式起重机线路中，为了安全，除起重机要可靠接地外，还要保证起重机轨道必须（　　），接地电阻不得大于 4Ω。
　　A. 接地或工作接地　　　　　　　B. 接地或重复接地
　　C. 接地或保护接地　　　　　　　D. 接零或保护接地
45. 常见维修电工图的种类有：系统图和框图，电路图，（　　）。

A．成套设备配线简图 　　　　　　B．设备简图
C．装置的内部连接简图 　　　　　D．接线图

46．安装转子时，转子对准定子中心，沿着定子圆周的（　　）将缓缓地向定子里送进，送进过程中不得碰擦定子绕组。

A．对角线　　　B．中心线　　　C．垂直线　　　D．平行线

47．对于低压电动机，如果测得绝缘电阻小于（　　），应及时修理。

A．3MΩ　　　B．2MΩ　　　C．1MΩ　　　D．0.5MΩ

48．三相异步电动机的常见故障有：（　　）、电动机振动、电动机启动后转速低或转矩小。

A．机械过载过大　　　　　　　B．电动机过热
C．电压严重不平衡　　　　　　D．铁心变形

49．用（　　）寻找断线、相间低电阻短路故障很方便。

A．感应法　　　B．声测法　　　C．兆欧表　　　D．电桥

50．用感应法寻找（　　）故障很方便。

A．相间短路　　　　　　　　　B．多相短路
C．多相接地　　　　　　　　　D．断线、相间低电阻短路

51．进行三相异步电动机对地绝缘耐压试验时，当线圈是局部修理时，对于380V以下的电机，若无高压实验设备，可用1000V的（　　）作为实验电源，摇测1min。

A．兆欧表　　　B．接地摇表　　　C．电桥　　　D．欧姆表

52．小型变压器的修理，接通电源无电压输出时，如果一次回路有电压而无电流，一般是一次绕组出线端头（　　）。

A．接通　　　B．断裂　　　C．对地　　　D．损坏

53．测定电动机绕线组冷态直流电阻时，（　　）1Ω可用单臂电桥。

A．大于　　　B．小于　　　C．等于　　　D．大于等于

54．接触器触点的整形修理时，当电流过大、灭弧装置失效、触点容量过小或因触点弹簧损坏，初压力过小时，触点（　　）电路时会产生电弧。

A．闭合　　　B．断开　　　C．导电　　　D．闭合或断开

55．时间继电器的整定，延时在3s以下的一般时间继电器采用（　　）取时间，靠时间继电器的延时触点控制的方法来记取时间。

A．手表　　　B．跑表　　　C．电气秒表　　　D．其他

56．低压断路器触点的磨损超过厚度的1/3以上或超程减少到（　　）时，就应更换新触点。

A．1/5　　　B．1/4　　　C．1/6　　　D．1/2

57．专用继电器是一种根据电量或非电量的变化，接通或断开小电流（　　）。

A．主电路　　　　　　　　　　B．主电路和控制电路
C．辅助电路　　　　　　　　　D．控制电路

58．速度继电器是反映（　　）的继电器，其主要作用是以旋转速度的快慢为指令信号。

A．气压　　　B．转速和转向　　　C．水压　　　D．压力

59．热敏电阻式温度继电器当温度在65℃以下时，热敏电阻为恒定值，电桥处于平衡状态，执行继电器（　　）。

　　A．触头断开　　　B．触头闭合　　　C．动作　　　D．不动作

60．压力继电器经常用于机械设备的油压、水压或气压控制系统中，它能根据压力源压力的变化情况决定触点的断开或闭合，以便对机械设备提供（　　）。

　　A．相应的信号　　B．操纵的命令　　C．控制　　　D．保护或控制

61．压力继电器的微动开关和顶杆的距离一般大于（　　）。

　　A．0.1mm　　　　B．0.2mm　　　　C．0.4mm　　　D．0.6mm

62．接触器的主触点通断时，三相应保证同时通断，其先后误差不得超过（　　）。

　　A．2ms　　　　　B．1.5ms　　　　C．1ms　　　　D．0.5ms

63．当热继电器的环境温度高于电动机的环境温度，热继电器的整定电流值应（　　）修正。

　　A．向下　　　　　B．向上　　　　　C．向左　　　　D．向右

64．热继电器的环境温度与电动机的环境温度，一般相差（　　）时，修正值约为10%。

　　A．5℃～20℃　　B．10℃～20℃　　C．15℃～20℃　D．18℃～20℃

65．电磁式继电器检测与要求，对于一般桥式触点，常开触点的开距不小于（　　）。

　　A．1.5mm　　　　B．2.5mm　　　　C．3.5mm　　　D．4.5mm

66．电动机装轴承时，用煤油将轴承及轴承盖清洗干净，检查轴承有无裂纹、是否灵活、（　　），如有问题则需更换。

　　A．间隙是否过小　B．是否无间隙　　C．间隙是否过大　D．变化很大

67．（　　）的铜芯导线接头用电烙铁锡焊。

　　A．10mm及以下　B．10mm及以上　C．6mm及以下　D．6mm及以上

68．（　　）的铜芯导线接头，可采用浇焊法。

　　A．16mm以下　　B．16mm以上　　C．25mm以下　　D．25mm以上

69．导线连接后，需要恢复绝缘，绝缘强度（　　）原有绝缘层。

　　A．不高于　　　　B．等于　　　　　C．不低于　　　D．低于

70．为了防止（　　），所有元件的引线均应预先镀锡。

　　A．假焊　　　　　B．虚焊　　　　　C．漏焊　　　　D．夹生焊

71．焊点距管壳不小于10mm，电烙铁功率一般不大于45W，焊接时间不超过（　　）。

　　A．5s　　　　　　B．6s　　　　　　C．7s　　　　　D．8s

72．晶体管工作在放大状态时，发射结正偏，对于硅管约为0.7V，锗管约为（　　）。

　　A．0.2V　　　　　B．0.3V　　　　　C．0.5V　　　　D．0.7V

73．多台交流电动机线路总熔体的额定电流，约等于线路上功率最大一台电动机电流的1.5～2.5倍，再加上其他电动机（　　）的总和。

　　A．电压　　　　　B．电流　　　　　C．额定电压　　D．额定电流

74．刀开关的额定电压应等于或大于电路额定电压，其额定电流应（　　）电路的工作电流。

A．稍小于　　　　　　　　　　B．稍大于
C．等于或稍小于　　　　　　　D．等于或稍大于

75．低压断路器的额定工作电压和电流均（　　）线路额定电压和实际工作电流。
A．小于或等于　　B．大于或等于　　C．等于　　　　D．小于

76．低压断路器的热脱扣器的整定电流（　　）所控负载的额定电流。
A．大于　　　　　B．小于　　　　　C．等于　　　　D．大于等于

77．当控制电路要求延时精度较高时，选用（　　）时间继电器。
A．电磁式　　　　B．电动式　　　　C．空气阻尼式　　D．晶体管

78．CA6140 型车床的调试时，控制回路试车时，检查控制变压器一次侧为 380V、二次侧为 24V、6V、（　　）。
A．110V　　　　　B．127V　　　　　C．36V　　　　　D．48V

79．CA6140 型车床主回路加电试车时，经过一段时间试运行，观察、检查电动机有无异常响声、异味、冒烟、振动和（　　）等异常现象。
A．温升过低　　　B．温升过高　　　C．温升不高于　　D．温升不低于

80．Z535 钻床调试前的准备时，将有关（　　）和安装、调试、使用、维修说明书准备好。
A．图样　　　　　B．电路图　　　　C．技术说明　　　D．电气设备明细表

（二）判断题

1．创新既不能墨守成规，也不能标新立异。（　　）

2．电流流过负载时，负载将电能转换成其他形式的能。电能转换成其他形式的能的过程，叫做电流做功，简称电功。（　　）

3．变压器是根据电磁感应原理而工作的，它能改变交流电压和直流电压。（　　）

4．在电气设备上工作，应填用工作票或按命令执行，其方式有两种。（　　）

5．环境污染的形式主要有大气污染、水污染、噪声污染等。（　　）

6．呆扳手是用来拧紧或旋松有沉孔螺母的工具，由套筒和手柄两部分组成。套筒需配合螺母的规格选用。（　　）

7．车床加工的基本运动是主轴通过卡盘或顶尖带动工件旋转，溜板带动刀架做直线运动。（　　）

8．在 5t 桥式起重机线路中，为了安全，除起重机要可靠接地外，还要保证起重机轨道必须接地或重复接地，接地电阻不得大于 4Ω。（　　）

9．主回路的连接线一般采用较粗的 2.5mm^2 单股塑料铝芯线。（　　）

10．速度继电器是反映转速和转向的继电器，其工作方式是以旋转速度的快慢为指令信号。（　　）

11．在速度继电器的型号及含义中，以 JFZO 为例，其中 F 代表反接。（　　）

12．JY1 型速度继电器触头额定电压 380V，触头额定电流 2A，额定工作转速 100～3000r/min，允许操作频率小于 30 次/h。（　　）

13．安装电子元件时，除接插件、熔丝座等紧贴底板外，其余元件距底板 3～5mm。
（　）

14．检测电子元件的安装与焊接时，用直观检查有无虚焊、脱焊现象。（　）

15．用仪表检测电子元件的安装与焊接时，检测是否有接地现象。（　）

16．进行多股铜导线的连接时，将散开的各导线隔根对插，再把张开的各线端合扰，取任意两股同时绕 5～6 圈后，采用同样的方法调换两股再卷绕，依次类推绕完为止。（　）

17．三相异步电动机定子绕组用电压降压法检修时，为查出某一相接地故障，先在另一相加入低压交流电，在另外两相测感应电压，有短路的那相的感应电压偏小。（　）

18．测定电动机绕线组冷态直流电阻时，大于 1Ω可用单臂电桥。（　）

19．检修 CA6140 型车床时，主轴能启动，但不能自锁，则检查按钮是否有问题。（　）

20．检修 CA6140 型车床时，按下刀架快速移动按钮，刀架不移动，如果 KM_3 吸合，则应检查快速移动电动机。（　）

二、操作技能模拟试卷

模拟试卷（一）

试题 1．安装用三只单相电能表经电流互感器接入测量三相不对称负荷的量电装置

考核要求：

（1）安装设计：正确绘制电路图。

（2）安装：正确熟练地安装元件，在配线板上布置要合理，安装要紧固，布线要求横平竖直，应尽量避免交叉、跨越，接线紧固、美观。

（3）通电试验：安装正确无误。

（4）考核注意事项：

① 满分 10 分，考试时间 40 分钟。

② 遵守技术规程和操作规程。

③ 安全文明操作。

评分标准：

序号	主要内容	考核要求	评分标准	配分
1	安装设计	正确绘制电路图	绘制电路图不正确扣 2 分	5
2	安装	正确熟练地安装元件，在配线板上布置要合理，安装要紧固，布线要求横平竖直，应尽量避免交叉跨越，接线应紧固美观	1. 元件安装不牢固，每只扣 1 分 2. 操作不规范、不熟练，扣 2 分 3. 接线不美观，每处扣 2 分 4. 接线不牢固或线头绕向不对，每处扣 1 分	5
3	通电试验	安装正确无误	安装线路错误，造成断路、短路故障，每通电试验 1 次扣 5 分，扣完 10 分为止	

试题 2. 安装和调试熄火报警电路

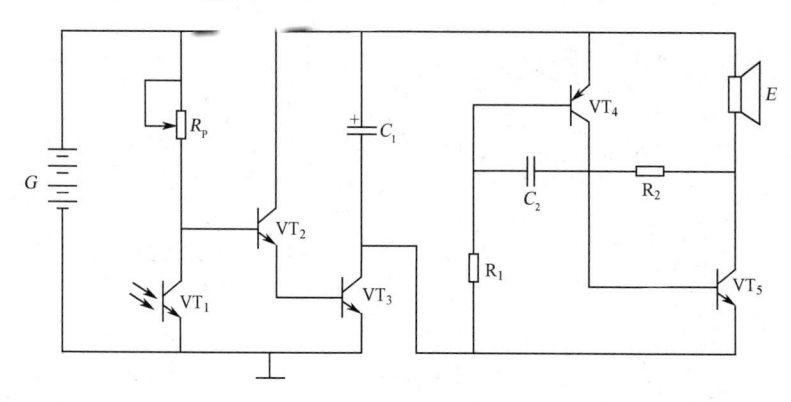

序 号	名　　称	型号与规格	单 位	数 量
1	光敏三极管 VT_1	3DU	只	1
2	三极管 VT_2	9011	只	1
3	三极管 VT_3、VT_5	9013	只	1
4	三极管 VT_4	3AX83	只	1
5	电阻 R_1	47kΩ、0.25W	只	1
6	电阻 R_2	1kΩ、0.25W	只	1
7	微调电位器 RP	100K、0.25W	只	1
8	电解电容 C_1	100μF/16V	只	1
9	瓷片电容 C_2	0.033μF	只	1
10	扬声器 B	8Ω	只	1
11	电池 G	1.5	节	1
12	单股镀锌铜线（连接元器件用）	AV-0.1mm^2	m	1
13	多股细铜线（连接元器件用）	AVR-0.1mm^2	m	1
14	万能印刷线路板（或铆钉板）	2mm×70mm×100mm（或 2mm×150mm×200mm）	块	1

考核要求：

（1）装接前要先检查元器件的好坏，核对元件数量和规格，如在调试中发现元器件损坏，则按损坏元器件扣分。

（2）在规定时间内，按图纸的要求进行正确熟练地安装，正确连接仪器与仪表，能正确进行调试。

（3）正确使用工具和仪表，装接质量要可靠，装接技术要符合工艺要求。

（4）考核注意事项

① 满分 30 分，考试时间 150 分钟。

② 安全文明操作。

评分标准：

序号	主要内容	考核要求	评分标准	配分
1	按图焊接	正确使用工具和仪表，装接质量可靠，装接技术符合工艺要求	1. 布局不合理扣1分 2. 焊点粗糙、拉尖、有焊接残渣，每处扣1分 3. 元件虚焊、气孔、漏焊、松动、损坏元件，每处扣1分 4. 引线过长、焊剂不擦干净扣1分 5. 元器件的标称值不直观、安装高度不符合要求扣1分 6. 工具、仪表使用不正确，每次扣1分 7. 焊接时损坏元件每只扣2分	20
2	调试后通电试验	在规定时间内，利用仪器、仪表调试后进行通电试验	1. 通电调试1处不成功扣2分；2次不成功扣4分；3次不成功扣6分 2. 调试过程中损坏元件，每只扣2分	10

试题3．检修C620型车床的电气线路故障

在C620型车床的电气线路上设隐蔽故障3处。其中一次回路1处，二次回路2处。由考生单独排除故障。考生向考评员询问故障现象时，考评员可以将故障现象告诉考生。

考核要求：

（1）正确使用电工工具、仪器和仪表。

（2）根据故障现象，在C620型车床的电气线路上分析故障可能产生的原因，确定故障发生的范围。

（3）在考核过程中，带电进行检修时，注意人身和设备的安全。

（4）满分40分，考试时间60分钟。

否定项：故障检修得分未达20分，本次鉴定操作考核视为不通过。

评分标准：

序号	主要内容	考核要求	评分标准	配分
1	调查研究	对每个故障现象进行调查研究	排除故障前不进行调查研究扣1分	1
2	故障分析	在电气控制线路上分析故障可能的原因，思路正确	1. 错标或标不出故障范围，每个故障点扣2分 2. 不能标出最小的故障范围，每个故障点扣1分	6 3
3	故障排除	正确使用工具和仪表，找出故障点并排除故障	1. 实际排除故障中思路不清楚，每个故障点扣2分 2. 每少查出1处故障点扣2分 3. 每少排除1处故障点扣3分 4. 排除故障方法不正确，每处扣3分	6 6 9 9
4	其他	操作有误，要从此项总分中扣分	1. 排除故障时产生新的故障后不能自行修复，每个扣10分；已经修复，每个扣5分 2. 损坏电动机扣10分	

试题 4．用万用表判断二极管的好坏、极性及材料

考核要求：

（1）用万用表判断二极管的好坏、极性及材料，测量结果准确无误。

（2）考核注意事项：满分 10 分，考核时间 20 分钟。

否定项：不能损坏仪器、仪表，损坏仪器、仪表扣 10 分。

评分标准：

序号	主要内容	考核要求	评分标准	配分
1	测量准备	测量准备工作准确到位	万用表测量挡位选择不正确扣 2 分	2
2	测量过程	测量过程准确无误	测量过程中，操作步骤每错 1 处扣 1 分	4
3	测量结果	测量结果在误差范围之内	测量结果有较大误差或错误扣 3 分	3
4	维护保养	对使用的仪器、仪表进行简单的维护保养	维护保养有误扣 1 分	1

试题 5．在各项技能考核中，要遵守安全文明生产的有关规定

考核要求：

（1）劳动保护用品穿戴整齐。

（2）电工工具佩带齐全。

（3）遵守操作规程。

（4）尊重考评员，讲文明礼貌。

（5）考试结束要清理现场。

（6）遵守考场纪律，不能出现重大事故。

（7）考核注意事项：

① 本项目满分 10 分。

② 安全文明生产贯穿于整个技能鉴定的全过程。

③ 考生在不同的技能试题中，违犯安全文明生产考核要求同一项内容的，要累计扣分。

否定项：出现严重违犯考场纪律或发生重大事故，本次技能考核视为不合格。

评分标准：

序号	主要内容	考核要求	评分标准	配分
1	安全文明生产	1. 劳动保护用品穿戴整齐 2. 电工工具佩带齐全 3. 遵守操作规程 4. 尊重考评员，讲文明礼貌 5. 考试结束要清理现场	1. 各项考试中，违犯安全文明生产考核要求的任何一项扣 2 分，扣完为止 2. 考生在不同的技能试题中，违犯安全文明生产考核要求同一项内容的，要累计扣分 3. 当考评员发现考生有重大事故隐患时，要立即予以制止，并每次扣考生安全文明生产总分 5 分	10

模拟试卷（二）

试题 1． 给出两种低压电器的实物，由考生说出电器的名称和型号、规格，正确叙述各电器的用途和常用低压电器的识别

考核要求：
（1）识别：正确识别各种低压电器的名称、型号和规格。
（2）简述：正确叙述各种低压电器的用途和适用范围。
（3）考核注意事项：
① 满分 10 分，考试时间 10 分钟。
② 安全文明操作。
③ 每个考生抽签选取四种写有低压电器型号与规格的卡片。

评分标准：

序号	主要内容	考核要求	评分标准	配分
1	识别	正确识别各种低压电器的名称、型号和规格	1．电器名称识别不正确、不完整，每只扣 2 分 2．型号规格识别不正确每只扣 2 分	5
2	简述	正确叙述各种低压电器的用途和适用范围	1．叙述各电器的用途不正确，每只扣 2 分 2．适用范围叙述不正确，每只扣 2 分	5

试题 2． 安装和调试晶体管稳压电路

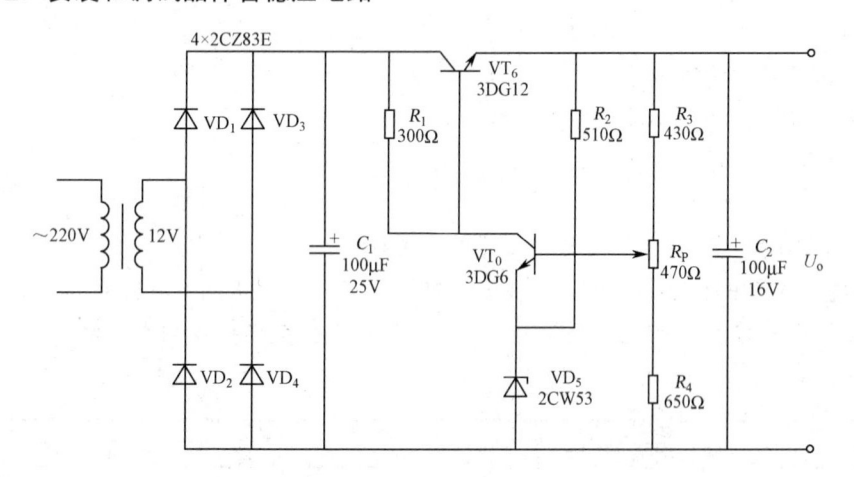

考核要求：
（1）装接前要先检查元器件的好坏，核对元件数量和规格，如在调试中发现元器件损坏，则按损坏元器件扣分。
（2）在规定时间内，按图纸的要求进行正确熟练地安装，正确连接仪器与仪表，能正确进行调试。
（3）正确使用工具和仪表，装接质量要可靠，装接技术要符合工艺要求。
（4）考核注意事项：

① 满分 30 分,考试时间 120 分钟。
② 安全文明操作。
评分标准:

序号	主要内容	考核要求	评分标准	配分
1	按图焊接	正确使用工具和仪表,装接质量可靠,装接技术符合工艺要求	1. 布局不合理扣 1 分 2. 焊点粗糙、拉尖、有焊接残渣,每处扣 1 分 3. 元件虚焊、气孔、漏焊、松动、损坏元件,每处扣 1 分 4. 引线过长、焊剂不擦干净扣 1 分 5. 元器件的标称值不直观、安装高度不符合要求扣 1 分 6. 工具、仪表使用不正确,每次扣 1 分 7. 焊接时损坏元件每只扣 2 分	20
2	调试后通电试验	在规定时间内,利用仪器、仪表调试后进行通电试验	1. 通电调试 1 处不成功扣 2 分;2 次不成功扣 4 分;3 次不成功扣 6 分 2. 调试过程中损坏元件,每只扣 2 分	10

试题 3. 检修 M7120 型磨床的电气线路故障

在 M7120 型磨床的电气线路上设隐蔽故障 3 处。其中一次回路 1 处,二次回路 2 处。由考生单独排除故障。考生向考评员询问故障现象时,考评员可以将故障现象告诉考生。

考核要求:

(1)正确使用电工工具、仪器和仪表。

(2)根据故障现象,在 M7120 型磨床的电气线路上分析故障可能产生的原因,确定故障发生的范围。

(3)在考核过程中,带电进行检修时,注意人身和设备的安全。

(4)满分 40 分,考试时间 60 分钟。

否定项:故障检修得分未达 20 分,本次鉴定操作考核视为不通过。

评分标准:

序号	主要内容	考核要求	评分标准	配分
1	调查研究	对每个故障现象进行调查研究	排除故障前不进行调查研究扣 1 分	1
2	故障分析	在电气控制线路上分析故障可能的原因,思路正确	1. 错标或标不出故障范围,每个故障点扣 2 分 2. 不能标出最小故障范围,每个故障点扣 1 分	6 3
3	故障排除	正确使用工具和仪表,找出故障点并排除故障	1. 实际排除故障中思路不清楚,每个故障点扣 2 分 2. 每少查出 1 处故障点扣 2 分 3. 每少排除 1 处故障点扣 3 分 4. 排除故障方法不正确,每处扣 3 分	6 6 9 9
4	其他	操作有误,要从此项总分中扣分	1. 排除故障时产生新的故障后不能自行修复,每个扣 10 分;已经修复,每个扣 5 分 2. 损坏电动机扣 10 分	

试题 4. 用万用表判断三相异步电动机定子绕组的首末端

考核要求：

（1）用万用表判断三相异步电动机定子绕组的首末端，测量结果准确无误。

（2）考核注意事项：满分 10 分，考核时间 20 分钟。

否定项：不能损坏仪器、仪表，损坏仪器、仪表扣 10 分。

评分标准：

序号	主要内容	考核要求	评分标准	配分
1	测量准备	测量准备工作准确到位	万用表测量挡位选择不正确扣 2 分	2
2	测量过程	测量过程准确无误	测量过程中，操作步骤每错 1 处扣 1 分	4
3	测量结果	测量结果在误差范围之内	测量结果有较大误差或错误扣 3 分	3
4	维护保养	对使用的仪器、仪表进行简单的维护保养	维护保养有误扣 1 分	1

试题 5. 在各项技能考核中，要遵守安全文明生产的有关规定。

考核要求：

（1）劳动保护用品穿戴整齐。

（2）电工工具佩带齐全。

（3）遵守操作规程。

（4）尊重考评员，讲文明礼貌。

（5）考试结束要清理现场。

（6）遵守考场纪律，不能出现重大事故。

（7）考核注意事项：

① 本项目满分 10 分。

② 安全文明生产贯穿于整个技能鉴定的全过程。

③ 考生在不同的技能试题中，违犯安全文明生产考核要求同一项内容的，累计扣分。

否定项：出现严重违犯考场纪律或发生重大事故，本次技能考核视为不合格。

评分标准：

序号	主要内容	考核要求	评分标准	配分
1	安全文明生产	1. 劳动保护用品穿戴整齐 2. 电工工具佩带齐全 3. 遵守操作规程 4. 尊重考评员，讲文明礼貌 5. 考试结束要清理现场	1. 各项考试中，违犯安全文明生产考核要求的任何一项扣 2 分，扣完为止 2. 考生在不同的技能试题中，违犯安全文明生产考核要求同一项内容的，累计扣分 3. 当考评员发现考生有重大事故隐患时，要立即予以制止，并每次扣考生安全文明生产总分 5 分	10

第五节 参考答案

第二节 理论知识试题

一、职业道德

（一）选择题

1~10	A	D	B	C	D	B	B	D	B	A
11~20	D	C	D	A	A	A	A	C	D	B
21~30	C	D	A	C	D	C	D	A	B	B
31~40	A	C	A	C	D	A	B	A	B	A
41~50	C	D	B	D	C	C	B	C	D	C
51	C									

（二）判断题

1~10	×	×	×	×	√	√	×	√	√	×
11~20	×	×	×	×	×	×	×	×	×	×
21~25	√	√	√	√	×					

二、基础知识

（一）选择题

1~10	B	A	B	C	B	C	A	C	B	C
11~20	A	B	C	D	A	D	D	B	B	D
21~30	A	D	B	B	D	B	C	D	A	B
31~40	C	D	A	B	C	A	D	D	A	B
41~50	B	C	A	B	D	A	A	A	A	A
51~60	B	C	A	B	A	D	A	C	D	A
61~70	B	B	D	D	A	B	A	A	D	A
71~80	A	B	B	C	D	A	B	C	D	D
81~90	B	B	D	A	B	C	B	D	C	D
91~95	D	C	C	B	C					

（二）判断题

1~10	√	×	√	×	√	×	√	×	√	×
11~20	√	×	√	×	√	×	√	×	√	×
21~30	√	×	√	×	√	×	√	×	√	×

续表

31～40	×	√	√	×	√	×	√	×	√	×
41～50	√	×	√	×	√	×	×	√	√	×
51～60	√	×	√	×	√	×	√	×	√	×
61～70	√	×	√	×	√	×	√	×	√	×
71～75	×	√	√	×	√					

三、劳动保护与安全文明生产

（一）选择题

1～10	B	D	D	D	A	B	B	C	D	D
11～20	D	B	B	B	D	D	D	A	C	D
21～30	D	D	D	D	D	D	D	C	D	D
31～40	D	D	D	C	D	D	D	D	A	A
41～47	A	A	D	D	D	D	D			

（二）判断题

1～10	√	×	×	√	√	√	√	×	√	×
11～20	√	×	√	×	×	×	√	√	√	×
21～28	×	√	√	×	√	×	√	√		

四、工具、量具及仪器

（一）选择题

1～10	D	A	B	A	A	D	A	B	C	D
11～18	A	B	D	B	C	D	C	A		

（二）判断题

1～10	√	×	√	×	√	√	√	×	√	√
11～20	√	×	√	×	√	×	√	×	√	×

五、读图及分析

（一）选择题

1～10	C	C	B	D	A	B	D	B	C	D
11～20	A	C	A	D	C	A	C	D	A	D
21～29	C	A	D	B	A	B	D	B	D	

（二）判断题

1～10	√	×	√	×	√	×	√	×	√	×

续表

11~20	√	×	√	×	√	√	√	×	√	×
21~30	√	×	√	×	√	×	√	×	√	×
31~40	√	×	√	×	√	×	√	×	√	×
41~46	√	×	√	×	√	×				

六、配线、安装及调试

（一）选择题

1~10	A	D	C	A	D	A	D	D	B	C
11~20	D	B	D	A	B	C	D	B	A	D
21~30	D	B	D	D	B	B	A	C	B	D
31~40	B	C	D	D	A	C	D	C	B	A
41~50	A	B	C	A	D	B	A	C	D	D
51~60	D	C	D	C	B	A	B	A	D	D
61~70	D	D	A	B	D	A	B	C	D	D
71~80	B	C	D	A	D	D	B	D	A	A
81~90	B	A	B	A	B	A	A	B	A	A
91~100	B	B	A	C	D	D	D	D	A	A
101	B									

（二）判断题

1~10	√	×	√	×	√	×	√	×	√	√
11~20	√	×	√	×	√	×	√	×	√	×
21~30	√	√	√	×	√	×	√	×	√	×
31~40	√	×	√	×	√	×	√	×	√	×
41~50	√	×	√	×	√	×	√	×	√	√
51~60	√	×	√	√	√	√	√	×	√	√
61~70	√	×	√	×	√	×	√	×	√	×
71~80	√	×	√	×	√	×	√	×	√	×
81~90	√	×	√	×	√	×	√	×	√	×
91~100	√	×	√	×	√	×	√	×	√	√
11~110	√	×	×	√	√	×	√	×	√	×
111~120	√	×	√	×	√	×	√	×	√	×
121~130	√	×	√	×	√	×	√	×	√	×
131~140	√	×	√	×	√	×	√	×	√	×
141~150	√	×	√	×	√	×	√	×	√	×
151~152	√	×								

七、故障分析与排除

（一）选择题

1～10	B	C	D	A	D	B	D	C	A	C
11～20	B	D	B	C	A	D	D	A	D	B
21～30	D	A	D	A	B	A	B	D	A	D
31～40	D	D	B	D	D	D	B	C	C	B
41～50	A	D	B	C	D	D	D	D	C	A
51～56	D	C	D	C	D	D				

（二）判断题

1～10	√	×	√	×	√	×	√	×	√	×
11～20	√	×	√	×	√	×	√	×	√	×
21～30	√	×	√	×	√	×	√	×	√	×
31～40	√	√	√	√	×	√	×	√	×	√
41～50	√	×	√	×	√	×	√	×	√	×
51～60	√	×	×	√	√	×	×	√	×	×
61～70	√	×	√	×	×	√	√	×	√	×
71～76	√	×	√	×	√	×				

第四节　理论知识模拟试卷

（一）选择题

1～10	D	A	A	B	B	B	C	D	A	B
11～20	C	D	A	B	B	C	A	B	C	D
21～30	A	A	D	D	D	B	D	D	D	D
31～40	A	A	B	B	B	C	B	B	A	A
41～50	D	D	A	B	B	D	B	A	D	
51～60	A	B	A	D	C	D	D	B	D	D
61～70	B	C	D	C	B	C	A	B	C	B
71～80	A	B	D	D	B	C	D	A	B	A

（二）判断题

1～10	×	√	×	×	√	×	√	√	×	×
11～20	√	√	√	√	×	√	×	√	×	√

第三章　中级维修电工鉴定指南

第一节　学习要点

一、对中级维修电工的工作要求

职业功能	工作内容	技能要求	相关知识
一、工作前准备	（一）工具、量具及仪器、仪表	能够根据工作内容正确选用仪器、仪表	常用电工仪器、仪表 的种类、特点及适用范围
	（二）读图与分析	能够读懂 X62W 铣床、MGB1420 磨床等较复杂机械设备的电气控制原理图	1. 常用较复杂机械设备的电气控制线路图 2. 较复杂电气图的读图方法
二、装调与维修	（一）电气故障检修	1. 能够正确使用示波器、电桥、晶体管图示仪 2. 能够正确分析、检修、排除 55KW 以下的交流异步电动机、60KW 以下的直流电动机及各种特种电机的故障 3. 能够正确分析、检修、排除交磁电机扩大机、X62W 铣床、MGB1420 磨床等机械设备控制系统的电路及电气故障	1. 示波器、电桥、晶体管图示仪的使用方法及注意事项 2. 直流电动机及各种特种电机的构造、工作原理和使用与拆装方法 3. 交磁电机扩大机的构造、原理、使用方法及控制电路方面的知识 4. 单相晶闸管交流技术
	（二）配线与安装	1. 能够按图样要求进行较复杂机械设备的主、控路线路配电板的配线（包括选择电器元件、导线等），以及整台设备的电气安装工作 2. 能够按图样要求焊接晶闸管调速器、调功器电路，并用仪器、仪表进行测试	明、间电线及电器元件的选用知识
	（三）测绘	能够测绘一般复杂程度机械设备的电气部分	电气测绘基本方法
	（四）调试	能够独立进行 X62W 铣床、MGB1420 磨床等较复杂机械设备的通电工作，并能正确处理调试中出现的问题，经过测试、调整，最后达到控制要求	较复杂机械设备电气控制调试方法

二、鉴定要素细目表

1. 理论知识鉴定要素细目表

标准比重表鉴定要素细目表

鉴定范围							鉴定点		
一级			二级			三级			
代码	名称	鉴定比重	代码	名称	鉴定比重	代码	名称	鉴定比重	
代码	名称						代码	名称	重要程度
A	基本要求 (44:19:02)	22	A	职业道德 (11:02:00)	5	A	职业道德 (11:02:00)	5	
						001	职业道德的基本内涵		X
						002	市场经济条件下，职业道德的功能		X
						003	企业文化的功能		X
						004	职业道德对增强企业凝聚力、竞争力的作用		X
						005	职业道德是人生事业成功的保证		Y
						006	文明礼貌的具体要求		X
						007	爱岗敬业的具体要求		X
						008	对诚实守信基本内涵的理解		X
						009	办事公道的具体要求		X
						010	勤劳节俭的现代意义		X
						011	企业员工遵纪守法的要求		X
						012	团结互助的基本要求		X
						013	创新的道德要求		Y
			B	基础知识 (33:17:02)	17	A	电工基础知识 (29:06:00)	9	
						001	电路的组成		X
						002	电流与电动势		X
						003	电压和电位		X
						004	电阻器		X
						005	欧姆定律		Y
						006	电阻的联接		X
						007	电功和电功率		X
						008	电容器		X
						009	一般电路的计算		X
						010	磁场、磁力线与电流的磁场		X
						011	磁场的基本物理量		X
						012	磁场对电流的作用		X
						013	电磁感应		X
						014	正弦交流电路的基本概念		X
						015	单相正弦交流电路		X
						016	三相交流电路		X
						017	变压器的用途		X
						018	变压器的工作原理		X
						019	三相交流异步电动机的工作原理		X

续表

鉴定范围							鉴定点		
一级			二级			三级			
代码	名称	鉴定比重	代码	名称	鉴定比重	代码	名称	鉴定比重	代码	名称	重要程度

代码	名称	鉴定比重	代码	名称	鉴定比重	代码	名称	鉴定比重	代码	名称	重要程度
A	基本要求 (44:19:02)	22	B	基础知识 (33:17:02)	17	A	电工基础知识 (29:06:00)	9	020	低压断路器	X
									021	半导体二极管	X
									022	半导体三极管的放大条件	X
									023	基本放大电路	X
									024	稳压电路	X
									025	电气图的分类	X
									026	读图的基本步骤	X
									027	定子绕组串电阻降压启动	Y
									028	星-角自动降压启动控制线路	X
									029	双互锁正反转控制线路	Y
									030	两地控制线路	X
									031	电流表的使用	X
									032	电压表的使用	Y
									033	万用表正确使用	X
									034	常用绝缘材料	Y
									035	合理运用电气设备	Y
						B	钳工基础知识 (00:03:00)	1	001	锉削方法	Y
									002	钻孔知识	Y
									003	螺纹加工	Y
						C	安全文明生产与环境保护知识 (04:02:02)	4	001	触电的概念	X
									002	常见的触电形式	X
									003	安全用电技术措施	X
									004	安全生产规章制度	X
									005	环境污染的概念	Y
									006	电磁污染源的分类	Y
									007	噪声的危害	Z
									008	声音传播的控制途径	Z
						D	质量管理知识 (00:02:00)	1	001	质量管理的内容	Y
									002	岗位质量要求	Y
						E	相关法律、法规知识 (00:04:00)	2	001	劳动者的权利	Y
									002	劳动者的义务	Y
									003	劳动合同的解除	Y
									004	劳动安全卫生制度	Y

续表

鉴定范围							鉴定点		
一级		二级			三级			
代码	名称	鉴定比重	代码	名称	鉴定比重	代码	名称	鉴定比重	重要程度
						001	电工指示仪表的结构和工作原理		Y
						002	电工指示仪表的测量对象		Y
						003	电工指示仪表准确等级的分类		Y
						004	电工指示仪表准确等级的定义		Y
						005	电工指示仪表准确度等级的含义		Y
						006	电工指示仪表准确度等级的选择		Y
						007	互感器的准确度等级		Y
						008	电测仪表的选择		Y
						009	电子仪器的分类		Y
				A	工具、量具及仪器 (02:18:00)	010	电子测量的频率范围	6	Y
						011	套筒扳手的正确使用		Y
						012	卡尺的使用		Y
						013	喷灯的种类及用途		Y
						014	喷灯的正确使用		Y
						015	喷灯火焰和带电体之间安全距离		Y
						016	喷灯的加压注意事项		Y
B	相关知识 (125:46:00)	78	A	工作前准备 (17:28:00)	18	017	短路探测器的使用		X
						018	断条侦察器的使用		X
						019	千分尺的使用		Y
						020	塞尺的使用		Y
						001	万能铣床主轴的启动		X
						002	万能铣床主轴的停止		X
						003	万能铣床升降台的上下运动		X
						004	万能铣床工作台的左右运动		X
						005	万能铣床工作台的向后、向上运动		Y
						006	万能铣床工作台的向前、向下运动		X
						007	万能铣床工作台的进给冲动		X
				B	读图与分析 (15:10:00)	008	万能铣床工作台的快速行程控制	12	Y
						009	万能铣床工作台主轴上刀制动		Y
						010	万能铣床工作台冷却泵、照明的控制		Y
						011	万能磨床冷却泵电动机的控制		Y
						012	万能磨床内外磨砂轮电动机的控制		Y
						013	万能磨床工件电动机控制回路组成		Y
						014	万能磨床工件电动机的几种状态		Y
						015	万能磨床自动循环电路		Y
						016	万能磨床晶闸管直流调速系统组成		Y

第三章 中级维修电工鉴定指南

续表

鉴定范围							鉴定点		
一级			二级			三级		代码	名称	重要程度
代码	名称	鉴定比重	代码	名称	鉴定比重	代码	名称		
B	相关知识 (125:46:00)	78	A	工作前准备 (17:28:00)	18	B	读图与分析 (15:10:00)	12	017	万能磨床调速系统的主回路	X
^	^	^	^	^	^	^	^	^	018	万能磨床调速系统控制回路的基本环节	X
^	^	^	^	^	^	^	^	^	019	万能磨床调速系统控制回路的辅助环节	X
^	^	^	^	^	^	^	^	^	020	万能磨床调速系统中电压微分负反馈环节	X
^	^	^	^	^	^	^	^	^	021	万能磨床调速系统控制回路的辅助环节	X
^	^	^	^	^	^	^	^	^	022	万能磨床调速系统同步信号输入环节	X
^	^	^	^	^	^	^	^	^	023	万能磨床调速系统控制回路电源部分	X
^	^	^	^	^	^	^	^	^	024	电气原理图的绘制	X
^	^	^	^	^	^	^	^	^	025	电气原理图的分析	X
^	^	^	B	装调与维修 (108:18:00)	60	A	电气故障检修 (31:12:00)	21	001	直流电机不能启动的原因	X
^	^	^	^	^	^	^	^	^	002	直流电机转速不正常的原因	X
^	^	^	^	^	^	^	^	^	003	直流电机电刷下火花过大的原因	Y
^	^	^	^	^	^	^	^	^	004	直流电机温升过高的原因	Y
^	^	^	^	^	^	^	^	^	005	直流电机轴承发热的原因	X
^	^	^	^	^	^	^	^	^	006	直流电机漏电的原因	Y
^	^	^	^	^	^	^	^	^	007	直流电机电枢绕组开路故障	Y
^	^	^	^	^	^	^	^	^	008	直流电机电枢绕组短路故障	X
^	^	^	^	^	^	^	^	^	009	直流电机电枢绕组对地短路故障	X
^	^	^	^	^	^	^	^	^	010	直流电机换向器的修理	X
^	^	^	^	^	^	^	^	^	011	直流电机电刷的修理	Y
^	^	^	^	^	^	^	^	^	012	直流电机滚动轴承的修理	X
^	^	^	^	^	^	^	^	^	013	直流电机修理后的试验	X
^	^	^	^	^	^	^	^	^	014	伺服电动机的使用	Y
^	^	^	^	^	^	^	^	^	015	无换向器电动机的常见故障	Y
^	^	^	^	^	^	^	^	^	016	电磁调速电动机的常见故障	X
^	^	^	^	^	^	^	^	^	017	交磁电机扩大机的拆装	X
^	^	^	^	^	^	^	^	^	018	交磁电机扩大机补偿度的调整	X
^	^	^	^	^	^	^	^	^	019	交磁电机扩大机的常见故障	X
^	^	^	^	^	^	^	^	^	020	万能铣床不启动故障的检修	Y
^	^	^	^	^	^	^	^	^	021	万能铣床主轴停车无制动故障的检修	Y
^	^	^	^	^	^	^	^	^	022	万能铣床进给电机不能启动故障的检修	Y
^	^	^	^	^	^	^	^	^	023	万能铣床工作台不能快速进给故障的检修	Y
^	^	^	^	^	^	^	^	^	024	磨床液压泵电路的检修	X
^	^	^	^	^	^	^	^	^	025	磨床控制回路检修	X
^	^	^	^	^	^	^	^	^	026	万能磨床工件电动机触发电路故障的检修	X
^	^	^	^	^	^	^	^	^	027	晶闸管简易测试	X

续表

鉴定范围							鉴定点		
一级			二级			三级			鉴定点	
代码	名称	鉴定比重	代码	名称	鉴定比重	代码	名称	鉴定比重	
代码	名称	鉴定比重	代码	名称	鉴定比重	代码	名称	重要程度	
B	相关知识 (125:46:00)	78	B	装调与维修 (108:18:00)	60	A	电气故障检修 (31:12:00)	21	
						028	调速电路中，工件电动机不转的原因	X
						029	兆欧表的使用	X
						030	钳形电流表的使用	X
						031	数字式万用表的使用	X
						032	功率表的使用	X
						033	示波器的使用	X
						034	电桥的使用	X
						035	晶体管图示仪的使用	X
						036	直流电动机的构造	Y
						037	直流电动机的电枢绕组	X
						038	测速发电机的构造	X
						039	测速发电机的应用	X
						040	单相半波可控整流电路	X
						041	单相桥式全控整流电路	X
						042	双向晶闸管的使用	X
						043	晶闸管的过电流保护	X
					B	配线与安装 (38:06:00)	22	
						001	万能铣床电机使用导线的选择	X
						002	万能铣床控制回路所用导线的选择	X
						003	万能铣床电气控制板制作前的检测	X
						004	万能铣床电气控制板检测用工具	X
						005	万能铣床电气控制板的制作	X
						006	万能铣床配电箱控制板的制作	X
						007	万能铣床线路敷线	X
						008	万能铣床导线连接的要求	X
						009	万能铣床电动机的安装	X
						010	万能铣床限位开关的安装	X
						011	万能铣床配电箱门的安装	X
						012	万能铣床端子的接线步骤	X
						013	万能铣床端子的接线要求	X
						014	桥式起重机安装前的检查	X
						015	桥式起重机安装前检查所用仪表	X
						016	桥式起重机安装用辅助材料	Y
						017	桥式起重机轨道的连接	Y
						018	桥式起重机接地体的制作	X
						019	桥式起重机接地体的安装	X
						020	桥式起重机接地体所用材料	X

第三章　中级维修电工鉴定指南

续表

鉴定范围							鉴定点		
一级		二级		三级					
代码	名称	鉴定比重	代码	名称	鉴定比重	代码	名称	鉴定比重	代码	名称	重要程度

一级 代码	一级 名称	一级 鉴定比重	二级 代码	二级 名称	二级 鉴定比重	三级 代码	三级 名称	三级 鉴定比重	代码	名称	重要程度
B	相关知识 (125:46:00)	78	B	装调与维修 (108:18:00)	60	B	配线与安装 (38:06:00)	22	021	桥式起重机接地体的接地电阻值	X
									022	桥式起重机供电导管的安装	X
									023	桥式起重机供电导管的调整	X
									024	桥式起重机安全供电滑轨线的电源接入	X
									025	桥式起重机限位开关的安装	X
									026	桥式起重机照明电路的安装要求	X
									027	桥式起重机照明电路的安装步骤	X
									028	桥式起重机电线管路的安装	X
									029	桥式起重机连接线的敷设	X
									030	桥式起重机操纵室的配线	Y
									031	桥式起重机线束的保护	Y
									032	桥式起重机的移动小车的组成	Y
									033	桥式起重机供、馈电线路的安装要求	Y
									034	桥式起重机供、馈电线路的安装步骤	X
									035	绕线式电动机转子回路导线截面的选择	X
									036	反复短时工作制用电设备导线的允许电流	X
									037	短时工作制用电设备导线的允许电流	X
									038	线管类型的选择	X
									039	线管直径的选择	X
									040	导线共管敷设原则	X
									041	对晶闸管调速电路的要求	X
									042	晶闸管调速电路的主回路	X
									043	晶闸管调速电路的电压负反馈环节	X
									044	晶闸管调速电路的电流截止反馈环节	X
							C	调试 (33:00:00)	14	001	万能铣床调试前的准备	X
									002	万能铣床主轴的启动	X
									003	万能铣床主轴的制动	X
									004	万能铣床主轴电动机冲动控制	X
									005	万能铣床主轴上刀制动	X
									006	万能铣床工作台上下、前后移动的调试	X
									007	万能铣床工作台左右移动的调试	X
									008	万能铣床工作台进给变速时的冲动调试	X
									009	万能铣床工作台快速移动的调试	X
									010	万能铣床主轴停止时的快速进给的调试	X
									011	万能铣床圆工作台的回转运动的调试	X
									012	万能磨床的试车调试	X

续表

鉴定范围							鉴定点		
一级			二级			三级			
代码	名称	鉴定比重	代码	名称	鉴定比重	代码	名称	鉴定比重	代码	名称	重要程度
B	相关知识 (125:46:00)	78	B	装调与维修 (108:18:00)	60	C	调试 (33:00:00)	14	013	万能磨床电动机空载通电调试	X
^	^	^	^	^	^	^	^	^	014	万能磨床电流截止负反馈电路的调整	X
^	^	^	^	^	^	^	^	^	015	万能磨床电动机转数稳定的调整	X
^	^	^	^	^	^	^	^	^	016	万能磨床触发电路中电容器的选择	X
^	^	^	^	^	^	^	^	^	017	万能磨床触发电路中放电电阻的选择	X
^	^	^	^	^	^	^	^	^	018	万能磨床触发电路中温度补偿电阻的选择	X
^	^	^	^	^	^	^	^	^	019	桥式起重机绝缘检查	X
^	^	^	^	^	^	^	^	^	020	桥式起重机过电流继电器电流值的整定	X
^	^	^	^	^	^	^	^	^	021	桥式起重机小车运行电动机定子回路测试	X
^	^	^	^	^	^	^	^	^	022	桥式起重机小车运行电动机转子回路测试	X
^	^	^	^	^	^	^	^	^	023	桥式起重机零位启动校验	X
^	^	^	^	^	^	^	^	^	024	桥式起重机保护功能校验	X
^	^	^	^	^	^	^	^	^	025	桥式起重机主钩上升控制的通电调试	X
^	^	^	^	^	^	^	^	^	026	桥式起重机主钩上升控制的最后调试	X
^	^	^	^	^	^	^	^	^	027	桥式起重机主钩下降控制的调试	X
^	^	^	^	^	^	^	^	^	028	桥式起重机电动机主钩下降控制	X
^	^	^	^	^	^	^	^	^	029	桥式起重机吊钩加载试车	X
^	^	^	^	^	^	^	^	^	030	较复杂机械电气设备控制线路调试前准备	X
^	^	^	^	^	^	^	^	^	031	较复杂机械电气设备控制线路调试原则	X
^	^	^	^	^	^	^	^	^	032	电气设备控制线路的开环调试	X
^	^	^	^	^	^	^	^	^	033	电气设备控制线路的闭环调试	X
^	^	^	^	^	^	D	绘制 (06:00:00)	3	001	测绘安装接线图	X
^	^	^	^	^	^	^	^	^	002	测绘主线路图	X
^	^	^	^	^	^	^	^	^	003	测绘控制线路图	X
^	^	^	^	^	^	^	^	^	004	测绘前的准备	X
^	^	^	^	^	^	^	^	^	005	电气测绘的一般要求	X
^	^	^	^	^	^	^	^	^	006	电气测绘注意的事项	X

2. 操作技能鉴定要素细目表

安装和调试	安装和调试电动机控制电路
^	安装与调试机床控制电路
^	设计、安装与调试较复杂控制线路
^	安装和调试电子线路
^	55kW 以上交流电动机的拆装、接线和调试
^	多速异步电动机的拆装、接线和调试
^	60kW 以下直流电动机的拆装、接线和调试

续表

故障分析与排除	检修机床模拟线路板的电气线路故障
	检修机床的电气线路故障
	检修电动机的控制电路故障
	检修电子线路
	检修 55kW 以上交流电动机
	检修多速交流电动机
	检修 60kW 以下直流电动机
	检修直流电焊机
	检修变压器
	检修互感器
	检修电缆
仪器与仪表	功率表的使用
	单臂电桥的使用
	双臂电桥的使用
	接地电阻测量仪的使用
	示波器的使用
安全文明生产	在各项技能考核中，要遵守安全文明生产的有关规定

第二节　理论知识试题

一、工具、量具及仪器

（一）选择题

1. 电工指示按仪表测量机构的结构和工作原理分，主要有（　　）等。
   A．直流仪表和交流仪表　　　　　　B．电流表和电压表
   C．磁电系仪表和电磁系仪表　　　　D．安装式仪表和可携带式仪表
2. 电工指示按仪表测量机构的结构和工作原理分，有（　　）等。
   A．直流仪表和电压表　　　　　　　B．电流表和交流仪表
   C．磁电系仪表和电动系仪表　　　　D．安装式仪表和可携带式仪表
3. 下列电工指示仪表中若按仪表的测量对象分，主要有（　　）等。
   A．实验室用仪表和工程测量用仪表　B．功率表和相位表
   C．磁电系仪表和电磁系仪表　　　　D．安装式仪表和可携带式仪表
4. 下列电工指示仪表中若按仪表的测量对象分，主要有（　　）等。
   A．实验室用仪表和工程测量用仪表　B．电能表和欧姆表

C. 磁电系仪表和电磁系仪表　　　　　D. 安装式仪表和可携带式仪表

5. 在电工指示仪表的使用过程中,准确度是一个非常重要的技术参数,其准确等级通常分为(　　)。

　　A. 四级　　　　B. 五级　　　　C. 六级　　　　D. 七级

6. 电工指示仪表的准确等级通常分为七级,它们分别为0.1级、0.2级、(　　)、1.0级等。

　　A. 0.25级　　　B. 0.3级　　　C. 0.4级　　　D. 0.5级

7. 电工指示仪表的准确等级通常分为七级,它们分别为0.1级、0.2级、0.5级、(　　)等。

　　A. 0.6级　　　B. 0.8级　　　C. 0.9级　　　D. 1.0级

8. 电工指示仪表的准确等级通常分为七级,它们分别为1.0级、1.5级、2.5级、(　　)等。

　　A. 3.0级　　　B. 3.5级　　　C. 4.0级　　　D. 5.0级

9. 仪表的准确度等级的表示,是仪表在正常条件下的(　　)的百分数。

　　A. 系统误差　　B. 最大误差　　C. 偶然误差　　D. 疏失误差

10. 仪表的准确度等级即发生的(　　)与仪表的额定值的百分比。

　　A. 相对误差　　B. 最大绝对误差　C. 引用误差　　D. 疏失误差

11. 为了提高被测值的精度,在选用仪表时,要尽可能使被测量值在仪表满度值的(　　)。

　　A. 1/2　　　　B. 1/3　　　　C. 2/3　　　　D. 1/4

12. 电工指示仪表在使用时,通常根据仪表的准确度等级来决定用途,如0.1级和0.2级仪表常用于(　　)。

　　A. 标准表　　　B. 实验室　　　C. 工程测量　　D. 工业测量

13. 电工指示仪表在使用时,通常根据仪表的准确度等级来决定用途,如0.5级仪表常用于(　　)。

　　A. 标准表　　　B. 实验室　　　C. 工程测量　　D. 工业测量

14. 电工指示仪表在使用时,通常根据仪表的准确度等级来决定用途,如2.5级仪表常用于(　　)。

　　A. 标准表　　　B. 实验室　　　C. 工程测量　　D. 工业测量

15. 电工指示仪表在使用时,通常根据仪表的准确度等级来决定用途,如(　　)级仪表常用于工程测量。

　　A. 0.1级　　　B. 0.5级　　　C. 1.5级　　　D. 2.5级

16. 电气测量仪表的准确度等级一般不低于(　　)。

　　A. 0.1级　　　B. 0.5级　　　C. 1.5级　　　D. 2.5级

17. 发电机控制盘上的仪表的准确度等级一般不低于(　　)。

　　A. 0.1级　　　B. 0.5级　　　C. 1.5级　　　D. 2.5级

18. 直流系统仪表的准确度等级一般不低于(　　)。

　　A. 0.1级　　　B. 0.5级　　　C. 1.5级　　　D. 2.5级

19. 直流系统仪表的准确度等级一般不低于1.5级,在缺少1.5级仪表时,可用2.5级仪表加以调整，使其在正常条件下，误差达到（　　）的标准。

A．0.1级　　　　B．0.5级　　　　C．1.5级　　　　D．2.5级

20．与仪表连接的电流互感器的准确度等级应不低于（　　）。

A．0.1级　　　　B．0.5级　　　　C．1.5级　　　　D．2.5级

21．与仪表连接的电压互感器的准确度等级应不低于（　　）。

A．0.1级　　　　B．0.5级　　　　C．1.5级　　　　D．2.5级

22．作为电流或电压测量时，1.5级和2.5级的仪表容许使用（　　）的互感器。

A．0.1级　　　　B．0.5级　　　　C．1.0级　　　　D．1.5级

23．作为电流或电压测量时，（　　）级和2.5级的仪表容许使用1.0级的互感器。

A．0.1级　　　　B．0.5级　　　　C．1.0级　　　　D．1.5级

24．选择仪表用互感器和仪表的测量范围时，应考虑设备在正常运行条件下，使仪表的指针尽量指在仪表标尺工作部分量程的（　　）以上。

A．1/2　　　　　B．1/3　　　　　C．2/3　　　　　D．1/4

25．对于有互供设备的变配电所，应装设符合互供条件要求的电测仪表。例如，对可能出现两个方向电流的直流电路，应装设有双向标度尺的（　　）。

A．功率表　　　B．直流电流表　　C．直流电压表　　D．功率因数表

26．电子仪器按（　　）可分为手动、遥控、程序、自动等仪器。

A．功能　　　　B．工作频段　　　C．工作原理　　　D．操作方式

27．电子仪器按（　　）可分为袖珍式、便携式、台式、架式、插件式等仪器。

A．功能　　　　B．工作频段　　　C．工作原理　　　D．结构特点

28．电子仪器按（　　）可分为模拟式电子仪器和数字式电子仪器等。

A．功能　　　　B．工作频段　　　C．工作原理　　　D．操作方式

29．电子仪器按（　　）可分为简易测量仪器、精密测量仪器、高精度测量仪器。

A．功能　　　　B．工作频段　　　C．工作原理　　　D．测量精度

30．电子测量的频率范围极宽，其频率低端进入（　　）Hz量级。

A．$10^0 \sim 10^{-1}$　　B．$10^{-1} \sim 10^{-2}$　　C．$10^{-2} \sim 10^{-3}$　　D．$10^{-4} \sim 10^{-5}$

31．电子测量的频率范围极宽，其频率低端已进入 $10^{-4} \sim 10^{-5}$Hz 量级，而高端已达到（　　）Hz。

A．4×10^7　　B．4×10^8　　C．4×10^9　　D．4×10^{10}

32．电子测量的频率范围极宽，其频率低端已进入 $10^{-4} \sim 10^{-5}$Hz 量级，而高端已达到 4×10^{10}Hz，有的则已进入可见光的范围，约（　　）Hz。

A．88×10^9　　B．88×10^{10}　　C．88×10^{11}　　D．88×10^{12}

33．随着测量技术的迅速发展，电子测量的范围正向更宽频段及（　　）方向发展。

A．超低频段　　B．低频段　　　　C．超高频段　　　D．全频段

34．套筒扳手是用来拧紧或旋松有沉孔螺母的工具，由套筒和手柄组成，套筒需配合螺母的（　　）选用。

A．大小　　　　B．尺寸　　　　　C．体积　　　　　D．规格

35．游标卡尺测量前应清理干净，并将两量爪（　　），检查游标卡尺的精度情况。

A．合并　　　　B．对齐　　　　C．分开　　　　D．错开

36．喷灯是一种利用火焰喷射对工件进行加工的工具，常用于（　　）。
A．电焊　　　　B．气焊　　　　C．铜焊　　　　D．锡焊

37．按照所用燃料油的不同，喷灯可以分为（　　）喷灯和汽油喷灯。
A．煤油　　　　B．柴油　　　　C．机油　　　　D．酒精

38．按照所用燃料油的不同，喷灯可以分为煤油喷灯和（　　）喷灯。
A．柴油　　　　B．汽油　　　　C．机油　　　　D．酒精

39．喷灯使用时操作手动泵增加油筒内的压力，并在点火碗中加入燃料油，点燃烧热喷嘴后，再慢慢打开进油阀门，当火焰喷射（　　）达到要求时，即可开始使用。
A．速度　　　　B．温度　　　　C．长度　　　　D．压力

40．喷灯火焰和带电体之间的安全距离为：10kV 以上大于（　　），10kV 以下大于1.5m。
A．5m　　　　B．4m　　　　C．3m　　　　D．2m

41．喷灯火焰和带电体之间的安全距离为：10kV 以上大于3m，10kV 以下大于（　　）。
A．4.5m　　　　B．3.5m　　　　C．2.5m　　　　D．1.5m

42．喷灯打气加压时，检查并确认进油阀可靠地（　　）。
A．关闭　　　　B．打开　　　　C．打开一点　　　　D．打开或关闭

43．喷灯点火时，（　　）严禁站人。
A．喷灯左侧　　　　B．喷灯前　　　　C．喷灯右侧　　　　D．喷嘴后

44．喷灯的加油、放油和维修应在喷灯（　　）进行。
A．燃烧时　　　　B．燃烧或熄灭后　　　　C．熄火后　　　　D．以上都不对

45．喷灯使用完毕，应将剩余的燃料油（　　），将喷灯污物擦除后，妥善保管。
A．烧净　　　　B．保存在油筒内　　　　C．倒掉　　　　D．倒出回收

46．短路探测器是一种开口的（　　）。
A．变压器　　　　B．继电器　　　　C．调压器　　　　D．接触器

47．使用时，首先通入交流电，将探测器放在被测电动机定子铁心的槽口，此时探测器的铁心与被测电动机的定子铁心构成磁回路，组成一只（　　）。
A．接触器　　　　B．侦察器　　　　C．调压器　　　　D．变压器

48．断条侦察器在使用时，若被测转子无断条，相当于变压器（　　）短路，电流表读数就大，否则电流表读数就会减少。
A．二次绕组　　　　B．一次绕组　　　　C．原边　　　　D．副边

49．测量前将千分尺（　　）擦拭干净后检查零位是否正确。
A．固定套筒　　　　B．测量面　　　　C．微分筒　　　　D．测微螺杆

50．千分尺测微杆的螺距为（　　），它装入固定套筒的螺孔中。
A．0.6mm　　　　B．0.8mm　　　　C．0.5mm　　　　D．1mm

51．使用时，不能用千分尺测量（　　）的表面。
A．精度一般　　　　B．精度较高　　　　C．精度较低　　　　D．粗糙

52．塞尺由不同厚度的若干片叠合在夹板里，厚度为0.02～0.1mm 组的，相邻两片间相差（　　）mm，厚度为0.1～1mm 组的，相邻两片间相差0.05mm。

A．0.02　　　B．0.03　　　C．0.01　　　D．0.05
53．使用塞尺时，根据间隙大小，可用一片或（　　）在一起插入间隙内。
A．数片重叠　　B．一片重叠　　C．两片重叠　　D．三片重叠

（二）判断题

1．某一电工指示仪表属于静电系仪表，这是从仪表的测量对象方面进行划分的。（　）
2．某一电工指示仪表属于整流系仪表，这是从仪表的测量对象方面进行划分的。（　）
3．从仪表的测量对象上分，电流表可以分为直流电流表和交流电流表。（　）
4．从仪表的测量对象上分，电压表可以分为直流电流表和交流电流表。（　）
5．从提高测量准确度的角度来看，测量时仪表的准确度等级越高越好，而仪表的准确度越高，其价格也就越贵。（　）
6．从提高测量准确度的角度来看，测量时仪表的准确度等级越高越好，所以在选择仪表时，可不必考虑经济性，尽量追求仪表的高准确度。（　）
7．仪表的准确度等级的表示，是仪表在正常条件下时相对误差的百分数。（　）
8．仪表的准确度等级的表示，是仪表在正常条件下时最大相对误差的百分数。（　）
9．电工指示仪表在使用时，准确度等级为2.5级的仪表可用于实验室。（　）
10．电工指示仪表在使用时，准确度等级为5.0级的仪表可用于实验室。（　）
11．电气测量仪表的准确度等级一般不低于1.0级。（　）
12．电气测量仪表的准确度等级一般不低于1.5级。（　）
13．非重要回路的5.0级电流表容许使用3.0级的电流互感器。（　）
14．非重要回路的2.5级电流表容许使用3.0级的电流互感器。（　）
15．在500V及以下的直流电路中，不允许使用直接接入的电表。（　）
16．在500V及以下的直流电路中，不允许使用直接接入的带分流器的电流表。（　）
17．电子仪器按工作频段可分为专用电子仪器和通用电子仪器。（　）
18．电子仪器按功能可分为超低频、音频、超音频高频、超高频电子仪器。（　）
19．电子测量的频率范围是从1赫兹到1T赫兹。（　）
20．电子测量就是对电子线路的测量。（　）
21．套筒扳手是用来拧紧或旋松有沉孔螺母的工具，由套筒和手柄两部分组成。套筒需配合螺母的规格选用。（　）
22．呆扳手是用来拧紧或旋松有沉孔螺母的工具，由套筒和手柄两部分组成。套筒需配合螺母的规格选用。（　）
23．游标卡尺测量前应清理干净，并将两量爪合并，检查游标卡尺的精度情况。（　）
24．游标卡尺测量前应清理干净，并将两量爪合并，检查游标卡尺的松紧情况。（　）
25．喷灯是一种利用火焰喷射对工件进行加工的工具，常用于锡焊。（　）
26．加注燃料油时，首先旋开加油螺塞，注入燃料油，油量要低于油筒最大容量的3/4，然后旋紧加油螺塞。（　）
27．喷灯使用时操作手动泵增加油筒内的压力，并在点火碗中加入燃料油，点燃烧热喷嘴后，再慢慢打开进油阀门，当火焰喷射压力达到要求时，即可开始使用。（　）

28．喷灯使用时操作手动泵减少油筒内的压力，并在点火碗中加入燃料油，点燃烧热喷嘴后，再慢慢打开进油阀门，当火焰喷射压力达到要求时，即可开始使用。（　）

29．喷灯使用前应仔细检查油筒是否漏油，喷嘴是否畅通、是否有漏气。（　）

30．喷灯火焰和带电体之间的安全距离为：10kV 以上大于 3m，10kV 以下大于 1.5m。（　）

31．喷灯打气加压时，检查并确认进油阀可靠地关闭。（　）

32．喷灯使用完毕，应将剩余的燃料油烧净，将喷灯污物擦除后，妥善保管。（　）

33．短路探测器是一种开口的变压器。（　）

34．使用时，首先通入交流电，将探测器放在被测电动机定子铁心的槽口，此时探测器的铁心与被测电动机的定子铁心构成磁回路，组成一只调压器。（　）

35．断条侦察器在使用时，若被测转子无断条，相当于变压器二次绕组短路，电流表读数就大，否则电流表读数就会减少。（　）

36．断条侦察器在使用时，若被测转子无断条，相当于变压器一次绕组短路，电流表读数就大，否则电流表读数就会减少。（　）

37．千分尺是一种精度较高的精确量具。（　）

38．使用时，不能用千分尺测量粗糙的表面。（　）

39．使用塞尺时，根据间隙大小，可用一片或数片重叠在一起插入间隙内。（　）

40．塞尺的片有的很薄，应注意不能测量温度较低的工件，用完后要擦试干净，及时合到夹板里。（　）

二、读图、绘制及分析

（一）选择题

1．X6132 型万能铣床启动主轴时，先闭合 QS 开关，接通电源，再把换向开关（　）转到主轴所需的旋转方向。

　　A．SA_1　　　B．SA_2　　　C．SA_3　　　D．SA_4

2．X6132 型万能铣床启动主轴时，先接通电源，再把换向开关 SA_3 转到主轴所需的旋转方向，然后按启动按钮（　）接通接触器 KM_1，即可启动主轴电动机 M_1。

　　A．SB_1 或 SB_3　　B．SB_2 或 SB_3　　C．SB_3　　D．SB_3 或 SB_4

3．X6132 型万能铣床停止主轴时，按停止按钮（　）或 SB_{2-1}，切断接触器 KM_1 线圈的供电电路，并接通 YC_1 主轴制动电磁离合器，主轴即可停止转动。

　　A．SB_{1-1}　　B．SB_2　　　C．SB_3　　　D．SB_4

4．X6132 型万能铣床进给运动时，升降台的上下运动和工作台的前后运动完全由操纵手柄通过行程开关来控制，其中，行程开关 SQ_3 用于控制工作台向前和（　）的运动。

　　A．向左　　　B．向右　　　C．向上　　　D．向下

5．X6132 型万能铣床进给运动时，升降台的上下运动和工作台的前后运动完全由操纵手柄通过行程开关来控制，其中，用于控制工作台向前和向下的行程开关是（　）。

　　A．SQ_1　　　B．SQ_2　　　C．SQ_3　　　D．SQ_4

6. X6132 型万能铣床进给运动时,升降台的上下运动和工作台的前后运动完全由操纵手柄通过行程开关来控制,其中,用于控制工作台向后和向上运动的行程开关是（　　）。

  A. SQ_1 B. SQ_2 C. SQ_3 D. SQ_4

7. X6132 型万能铣床工作台的左右运动由操纵手柄来控制,其联动机构控制行程开关是（　　）,它们分别控制工作台向右及向左运动。

  A. SQ_1 和 SQ_2 B. SQ_2 C. SQ_3 和 SQ_2 D. SQ_4 和 SQ_2

8. X6132 型万能铣床工作台向后、向上压手柄 SQ_4 及工作台向左手柄压 SQ_2,接通接触器（　　）线圈,即按选择方向作进给运动。

  A. KM_1 B. KM_2 C. KM_3 D. KM_4

9. X6132 型万能铣床工作台向前（　　）手柄压 SQ_3 及工作台向右手柄压 SQ_1,接通接触器 KM_3 线圈,即按选择方向作进给运动。

  A. 向上   B. 向下   C. 向后   D. 向前

10. X6132 型万能铣床工作台变换进给速度时,当蘑菇形手柄向前拉至极端位置且在反向推回之前借孔盘推动行程开关 SQ_6,瞬时接通接触器（　　）,则进给电动机作瞬时转动,使齿轮容易啮合。

  A. KM_2 B. KM_3 C. KM_4 D. KM_5

11. X6132 型万能铣床主轴启动后,若将快速按钮 SB_5 或 SB_6 按下,接通接触器（　　）线圈电源,接通 YC_3 快速离合器,并切断 YC_2 进给离合器,工作台按原运动方向作快速移动。

  A. KM_1 B. KM_2 C. KM_3 D. KM_4

12. X6132 型万能铣床主轴上刀换刀时,先将转换开关 SA_2 扳到断开位置确保主轴（　　）,然后再上刀换刀。

  A. 保持待命状态   B. 断开电源
  C. 与电路可靠连接   D. 不能旋转

13. X6132 型万能铣床主轴上刀完毕,将转换开关扳到（　　）位置,主轴方可启动。

  A. 接通   B. 断开   C. 中间   D. 极限

14. X6132 型万能铣床控制电路中,将转换开关（　　）扳到接通位置,冷却泵电动机启动。

  A. SA_1 B. SA_2 C. SA_3 D. SA_4

15. X6132 型万能铣床控制电路中,机床照明由（　　）供给,照明灯本身由开关控制。

  A. 直流电源   B. 控制变压器   C. 照明变压器   D. 主电路

16. 在 MGB1420 万能磨床的砂轮电动机控制回路中,接通电源开关（　　）后,220V 交流控制电压通过开关 SA_2 控制接触器 KM_1,从而控制液压、冷却泵电动机。

  A. QS_1 B. QS_2 C. QS_3 D. QS_4

17. 在 MGB1420 万能磨床的内外磨砂轮电动机控制回路中,接通电源开关（　　）,220V 交流控制电压通过开关 SA_3 控制接触器 KM_2 的通断,达到内外磨砂轮电动机的启动和停止。

  A. QS_1 B. QS_2 C. QS_3 D. QS_4

18. 在 MGB1420 万能磨床的工件电动机控制回路中,由晶闸管直流装置 FD 提供电动机 M 所需要的直流电源,（　　）电源由 U_7、N 两点引入。

A. 24V　　　　B. 36V　　　　C. 110V　　　　D. 220V

19. 在MGB1420万能磨床的工件电动机控制回路中，M的启动、点动及停止由主令开关（　）控制中间继电器KA_1、KA_2来实现。

A. SA_1　　　B. SA_2　　　C. SA_3　　　D. SA_4

20. 在MGB1420万能磨床的工件电动机控制回路中，主令开关SA_1扳在开挡时，中间继电器KA_2线圈吸合，从电位器（　）引出给定信号电压，同时制动电路被切断。

A. RP_1　　　B. RP_2　　　C. RP_3　　　D. RP_4

21. 在MGB1420万能磨床的工件电动机控制回路，主令开关SA_1扳在试挡时，中间继电器KA_1线圈吸合，从电位器（　）引出给定信号电压，制动回路被切断。

A. RP_1　　　B. RP_2　　　C. RP_4　　　D. RP_6

22. 在MGB1420万能磨床的自动循环工作电路系统中，通过微动开关SQ_1、（　），行程开关SQ_3，万能转换开关SA_4，时间继电器KT和电磁阀YT与油路、机械方面配合实现磨削自动循环工作。

A. SQ_2　　　B. SQ_3　　　C. SQ_4　　　D. SQ_5

23. 在MGB1420万能磨床的晶闸管直流调速系统中，该系统的工件电动机采用（　）直流电动机。

A. 自励式　　　B. 他励式　　　C. 复励式　　　D. 串励式

24. 在MGB1420万能磨床的晶闸管直流调速系统中，该系统的工件电动机功率为（　）。

A. 0.15kW　　　B. 0.22kW　　　C. 0.55kW　　　D. 0.75kW

25. 在MGB1420万能磨床的晶闸管直流调速系统中，该系统的工件电动机的转速为（　）。

A. 0～1100r/min　B. 0～1900r/min　C. 0～2300r/min　D. 0～2500r/min

26. 在MGB1420万能磨床晶闸管直流调速系统中，主回路通常采用（　）。

A. 单相全波可控整流电路　　　B. 单相桥式半控制整流电路
C. 三相半波可控制整流电路　　　D. 三相半控桥整流电路

27. 在MGB1420万能磨床晶闸管直流调速系统的主回路中，用整流变压器直接对（　）交流电整流。

A. 36V　　　B. 110V　　　C. 220V　　　D. 380V

28. 在MGB1420万能磨床晶闸管直流调速系统的主回路中，用整流变压器直接对220V交流电整流，最高输出电压（　）左右。

A. 110V　　　B. 190V　　　C. 220V　　　D. 380V

29. 在MGB1420万能磨床晶闸管直流调速系统的主回路中，直流电动机M的励磁电压由220V交流电源经二极管整流取得（　）左右的直流电压。

A. 110V　　　B. 190V　　　C. 220V　　　D. 380V

30. 在MGB1420万能磨床晶闸管直流调速系统控制回路的基本环节中，（　）为一级放大。

A. V_{33}　　　B. V_{34}　　　C. V_{35}　　　D. V_{37}

31. 在MGB1420万能磨床晶闸管直流调速系统控制回路的基本环节中，V_{37}为一级放大，（　　）可看成是一个可变电阻。

　　A．V_{33}　　　　B．V_{34}　　　　C．V_{35}　　　　D．V_{37}

32．在 MGB1420 万能磨床晶闸管直流调速系统控制回路的基本环节中，（　　）为移相触发器。

　　A．V_{33}　　　　B．V_{34}　　　　C．V_{35}　　　　D．V_{37}

33．在 MGB1420 万能磨床晶闸管直流调速系统控制回路的基本环节中，（　　）为功率放大器。

　　A．V_{33}　　　　B．V_{34}　　　　C．V_{35}　　　　D．V_{37}

34．在 MGB1420 万能磨床晶闸管直流调速系统控制回路的辅助环节中，当负载电流大于额定电流（　　）倍时，V_{39} 饱和导通，输出截止。

　　A．0.85　　　　B．1　　　　C．1.4　　　　D．1.95

35．在 MGB1420 万能磨床晶闸管直流调速系统控制回路的辅助环节中，（　　）、R_{26} 组成电流正反馈环节。

　　A．V_{38}　　　　B．V_{39}　　　　C．V19　　　　D．RP_2

36．在 MGB1420 万能磨床晶闸管直流调速系统控制回路的辅助环节中，由（　　）、R_{37}、R_{27}、RP_5 等组成电压微分负反馈环节，以改善电动机运转时的动态特性。

　　A．C_2　　　　B．C_5　　　　C．C_{10}　　　　D．C_{15}

37．在 MGB1420 万能磨床晶闸管直流调速系统控制回路的辅助环节中，由（　　）、R_{36}、R_{38} 组成电压负反馈电路。

　　A．R_{27}　　　　B．R_{29}　　　　C．R_{37}　　　　D．R_{19}

38．在 MGB1420 万能磨床晶闸管直流调速系统控制回路中，由控制变压器 TC_1 的二次绕组②经整流二极管 V_6、V_{12}、三极管（　　）等组成同步信号输入环节。

　　A．V_{21}　　　　B．V_{24}　　　　C．V_{29}　　　　D．V_{36}

39．在 MGB1420 万能磨床晶闸管直流调速系统控制回路中，V_{36} 的基极加有通过 R_{19}、V_{13} 来的正向直流电压和由变压器 TC_1 的二次线圈经 V_6、（　　）整流后的反向直流电压。

　　A．V_{12}　　　　B．V_{21}　　　　C．V_{24}　　　　D．V_{29}

40．在 MGB1420 万能磨床晶闸管直流调速系统控制回路电源部分，由变压器 TC_1 的二次绕组③经整流二极管 $V_{14}\sim V_{17}$ 整流稳压滤波后取得（　　）电压，以供运算放大器 AJ 用。

　　A．4.5V　　　　B．7.5V　　　　C．+15V　　　　D．−15V

41．在 MGB1420 万能磨床晶闸管直流调速系统控制回路电源部分，经（　　）整流后再经 V_5 取得+20V 直流电压，供给单结晶体管触发电路使用。

　　A．$V_1\sim V_4$　　　　B．$V_2\sim V_5$　　　　C．$V_3\sim V_6$　　　　D．$V_5\sim V_8$

42．（　　）是绘制安装接线图的基本依据，在调试和故障排除时有重要作用。

　　A．典型电路　　B．电气原理图　　C．主电路　　D．控制电路

43．绘制电气原理图时，通常把主线路和辅助线路分开，主线路用（　　）画在辅助线路的左侧或上部，辅助线路用细实线画在主线路的右侧或下部。

　　A．粗实线　　　B．细实线　　　C．点画线　　　D．虚线

44．较复杂电气原理图阅读分析时，应从（　　）部分入手。

A．主线路　　　　B．控制电路　　　C．辅助电路　　　D．特殊控制环节

45．在分析主电路时，应根据各电动机和执行电器的控制要求，分析其控制内容，如电动机的启动、（　　）等基本控制环节。

A．工作状态显示　B．正反转控制　　C．电源显示　　　D．参数测定

46．在分析主电路时，应根据各电动机和执行电器的控制要求，分析其控制内容，如电动机的启动、（　　）等基本控制环节。

A．工作状态显示　B．调速　　　　　C．电源显示　　　D．参数测定

47．在分析较复杂电气原理图的辅助电路时，要对照（　　）进行分析。

A．主线路　　　　B．控制电路　　　C．辅助电路　　　D．联锁与保护环节

48．CA6140型车床是机械加工行业中最为常见的金属切削设备，其电气控制箱在主轴转动箱的（　　）。

A．后下方　　　　B．正前方　　　　C．左前方　　　　D．前下方

49．CA6140型车床是机械加工行业中最为常见的金属切削设备，其主轴控制在溜板箱的（　　）。

A．后下方　　　　B．正前方　　　　C．左前方　　　　D．前下方

50．CA6140型车床是机械加工行业中最为常见的金属切削设备，其刀架快速移动控制在中拖板（　　）操作手柄上

A．右侧　　　　　B．正前方　　　　C．左前方　　　　D．左侧

51．CA6140型车床是机械加工行业中最为常见的金属切削设备，其机床电源开关在机床（　　）。

A．右侧　　　　　B．正前方　　　　C．左前方　　　　D．左侧

52．CA6140型车床三相交流电源通过电源开关引入端子板，并分别接到接触器KM_1上和熔断器FU_1，从接触器KM_1出来后接到热继电器FR_1上，并与电动机（　　）相连接。

A．M_1　　　　　B．M_2　　　　　C．M_3　　　　　D．M_4

53．CA6140型车床控制线路的电源是通过变压器TC引入到熔断器FU_2，经过串联在一起的热继电器FR_1和（　　）的辅助触点接到端子板6号线。

A．FR_1　　　　　B．FR_2　　　　　C．FR_3　　　　　D．FR_4

54．电气测绘前，先要了解原线路的（　　）、控制顺序、控制方法和布线规律等。

A．控制过程　　　B．工作原理　　　C．元件特点　　　D．工艺

55．电气测绘时，一般先测绘（　　），后测绘控制线路。

A．输出端　　　　B．各支路　　　　C．某一回路　　　D．主线路

56．电气测绘时，一般先测绘（　　），后测绘输出端。

A．输入端　　　　B．各支路　　　　C．某一回路　　　D．主线路

57．电气测绘时，一般先测绘（　　），后测绘各支路。

A．输入端　　　　B．主干线　　　　C．某一回路　　　D．主线路

58．电气测绘时，一般先（　　），最后测绘各回路。

A．输入端　　　　B．主干线　　　　C．简单后复杂　　D．主线路

59．电气测绘时，应避免大拆大卸，对去掉的线头应（　　）。

A．作记号　　　B．恢复绝缘　　　C．不予考虑　　　D．重新连接
60．电气测绘时,应避免大拆大卸,对去掉的线头应（　　）。
A．记录　　　　B．恢复绝缘　　　C．不予考虑　　　D．重新连接
61．电气测绘时,应（　　）以上协同操作,防止发生事故。
A．两人　　　　B．三人　　　　　C．四人　　　　　D．五人
62．电气测绘中,发现接线错误时,首先应（　　）。
A．做好记录　　B．重新接线　　　C．继续测绘　　　D．使故障保持原状

（二）判断题

1．X6132型万能铣床的动力电源是三相交流380V,变压器两侧均有熔断器做短路保护。三个电动机除有熔断器做短路保护外,还有热继电器做过载和断相保护。（　　）

2．X6132型万能铣床的动力电源是三相交流380V,变压器两侧均有熔断器做过载保护。三个电动机还有热继电器做短路和缺相保护。（　　）

3．X6132型万能铣主轴在变速时,为了便于齿轮易于啮合,需使主轴电动机瞬时转动。（　　）

4．X6132型万能铣主轴在变速时,为了便于齿轮易于啮合,需使主轴电动机长时间转动。（　　）

5．X6132型万能铣床进给运动时,用于控制工作台向后和向上运动的行程开关是SQ_2。（　　）

6．X6132型万能铣床进给运动时,用于控制工作台向后和向上运动的行程开关是SQ_3。（　　）

7．X6132型万能铣床工作台的左右运动时,手柄所指的方向即是运动的方向。（　　）

8．X6132型万能铣床工作台的左右运动时,手柄所指的方向与运动的方向无关。（　　）

9．X6132型万能铣床工作台向后、向上压SQ_4手柄时,即可按选择方向作进给运动。（　　）

10．X6132型万能铣床工作台向后、向上压SQ_4手柄时,工作台不能按选择方向作进给运动。（　　）

11．X6132型万能铣床工作台向上运动时,压下SQ_4手柄,工作台即可按选择方向作进给运动。（　　）

12．X6132型万能铣床工作台向上运动时,压下SQ_2手柄,工作台即可按选择方向作进给运动。（　　）

13．X6132型万能铣床工作台变换进给速度时,进给电动机作瞬时转动,是为了使齿轮容易啮合。（　　）

14．X6132型万能铣床工作台变换进给速度时,当蘑菇形手柄向前拉至极端位置且在反向推回之前借孔盘推动行程开关SQ_6,瞬时接通接触器KM_3,则进给电动机作瞬时转动,使齿轮容易啮合。（　　）

15．X6132型万能铣床只有在主轴启动以后,进给运动才能动作,未启动主轴时,仍可进行工作台快速运动,即将操纵手柄选择到所需位置,然后按下快速按钮即可进行快速运动。（　　）

16. X6132型万能铣床只有在主轴启动以后,进给运动才能动作,未启动主轴时,工作台所有运动均不能进行。（　　）

17. X6132型万能铣床主轴上刀完毕,主轴启动后,应将转换开关断开扳到位置。（　　）

18. X6132型万能铣床主轴上刀完毕,即可直接启动主轴。（　　）

19. X6132型万能铣床的冷却泵和机床照明灯使用同一开关控制。（　　）

20. X6132型万能铣床的冷却泵和机床照明灯分别由专门的开关控制。（　　）

21. 在MGB1420万能磨床的砂轮电动机控制回路中,只有两只热继电器起过载保护作用。（　　）

22. 在MGB1420万能磨床的砂轮电动机控制回路中,$FR_1 \sim FR_4$四只热继电器均起过载保护作用。（　　）

23. 在MGB1420万能磨床的内外磨砂轮电动机控制回路中,$FR_1 \sim FR_4$四只热继电器均起过载保护作用。（　　）

24. 在MGB1420万能磨床的内外磨砂轮电动机控制回路中,只有$FR_1 \sim FR_3$三只热继电器均起过载保护作用。（　　）

25. 在MGB1420万能磨床的工件电动机控制回路中,M的启动、点动及停止由主令开关SA_1控制中间继电器KA_1、KA_2来实现,开关SA_1有2挡。（　　）

26. 在MGB1420万能磨床的工件电动机控制回路中,M的启动、点动及停止由主令开关SA_1控制中间继电器KA_1、KA_2来实现,开关SA_1有3挡。（　　）

27. MGB1420万能磨床的工件电动机控制回路中,将SA_1扳在试挡时,直流电动机M处于低速点动状态。（　　）

28. MGB1420万能磨床的工件电动机控制回路中,将SA_1扳在试挡时,直流电动机M处于高速点动状态。（　　）

29. 在MGB1420万能磨床的自动循环工作电路系统中,通过有关电气元件与油路、机械方面的配合实现磨削手动循环工作。（　　）

30. 在MGB1420万能磨床的自动循环工作电路系统中,通过有关电气元件与油路、机械方面的配合实现磨削自动循环工作。（　　）

31. 在MGB1420万能磨床的晶闸管直流调速系统中,工件电动机必须使用三相异步电动机。（　　）

32. 在MGB1420万能磨床的晶闸管直流调速系统中,工件电动机必须使用绕线式异步电动机。（　　）

33. 在MGB1420万能磨床的晶闸管直流调速系统中,R_3为能耗制动电阻。（　　）

34. 在MGB1420万能磨床的晶闸管直流调速系统中,R_2为能耗制动电阻。（　　）

35. 在MGB1420万能磨床晶闸管直流调速系统控制回路的基本环节中,V_{34}为移相触发器。（　　）

36. 在MGB1420万能磨床晶闸管直流调速系统控制回路的基本环节中,V_{34}为功率放大器。（　　）

37. MGB1420万能磨床晶闸管直流调速系统中,由运算放大器AJ、V_{38}、V_{39}等组成电

流截止正反馈环节。   (   )

38．MGB1420万能磨床晶闸管直流调速系统中，由运算放大器 AJ、V_{38}、V_{39} 等组成电流截止负反馈环节。   (   )

39．MGB1420万能磨床晶闸管直流调速系统控制回路的辅助环节中，在电压微分负反馈环节中，调节 RP_5 阻值大小，可以调节反馈量的大小。   (   )

40．MGB1420万能磨床晶闸管直流调速系统控制回路的辅助环节中，在电压微分负反馈环节中，调节 RP_4 阻值大小，可以调节反馈量的大小。   (   )

41．MGB1420万能磨床晶闸管直流调速系统控制回路的辅助环节中，由 C_2、C_5、C_{10} 等组成微分校正环节。   (   )

42．MGB1420万能磨床晶闸管直流调速系统控制回路的辅助环节中，由 C_2、C_5、C_{10} 等组成积分校正环节。   (   )

43．MGB1420万能磨床晶闸管直流调速系统控制回路的同步信号输入环节中，当控制电路交流电源电压过零的瞬间反向电压为 0，V_{36} 瞬时导通旁路电容 C3，以清除残余脉冲电压。   (   )

44．MGB1420万能磨床晶闸管直流调速系统控制回路的同步信号输入环节中，当控制电路交流电源电压过零的瞬间反向电压为 0，V_{36} 瞬时导通旁路电容 C_2，以清除残余脉冲电压。   (   )

45．在 MGB1420 万能磨床晶闸管直流调速系统控制回路电源部分，由 V_9 经 R_{20}、V_{30} 稳压后取得+15V 电压，以供给定信号电压和电流截止负反馈等电路使用。   (   )

46．在 MGB1420 万能磨床晶闸管直流调速系统控制回路电源部分，由 V_9 经 R_{20}、V_{30} 稳压后取得+30V 电压，以供给定信号电压和电流截止负反馈等电路使用。   (   )

47．安装接线图既可表示电气元件的安装位置、实际配线方式等，也可明确表示电路的原理和电气元件的控制关系。   (   )

48．安装接线图只表示电气元件的安装位置、实际配线方式等，而不明确表示电路的原理和电气元件的控制关系。   (   )

49．分析控制电路时，如线路较复杂，则可先排除照明、显示等与控制关系不密切的电路，集中进行主要功能分析。   (   )

50．分析控制电路时，如线路较简单，则可先排除照明、显示等与控制关系不密切的电路，集中进行主要功能分析。   (   )

51．CA6140 型车床的主轴、冷却、刀架快速移动分别由三台电动机拖动。 (   )

52．CA6140 型车床的主轴、冷却、刀架快速移动分别由两台电动机拖动。 (   )

53．CA6140 型车床的刀架快速移动电动机可以不用。   (   )

54．CA6140 型车床的刀架快速移动电动机必须使用。   (   )

55．CA6140 型车床的公共控制回路是 1 号线。   (   )

56．CA6140 型车床的公共控制回路是 0 号线。   (   )

57．电气测绘最后绘出的是安装接线图。   (   )

58．电气测绘最后绘出的是线路控制原理图。   (   )

59．电气测绘时，一般先输入端，最后测绘各回路。   (   )

60．电气测绘一般要求严格按规定步骤进行。　　　　　　　　　　　（　　）
61．由于测绘判断的需要，一定要由测绘人员亲自操作。　　　　　（　　）
62．由于测绘判断的需要，一定要由熟练的操作工操作。　　　　　（　　）

三、配线、安装及调试

（一）选择题

1．X6132 型万能铣床的主轴电动机 M_1 为 7.5kW，应选择（　　）BVR 型塑料铜芯线。
   A．1mm^2　　　　B．1.5mm^2　　　　C．2.5mm^2　　　　D．4mm^2

2．X6132 型万能铣床的进给电动机 M_2 为 1.5kW，应选择（　　）BVR 型塑料铜芯线。
   A．1.5mm^2　　　B．2.5mm^2　　　　C．4mm^2　　　　D．6mm^2

3．X6132 型万能铣床的冷却泵电动机 M_3 为 0.125kW，应选择（　　）BVR 型塑料铜芯线。
   A．1.5mm^2　　　B．2.5mm^2　　　　C．4mm^2　　　　D．6mm^2

4．X6132 型万能铣床控制回路一律使用（　　）的塑料铜芯导线。
   A．1mm^2　　　　B．1.5mm^2　　　　C．2.5mm^2　　　　D．4mm^2

5．X6132 型万能铣床敷设控制板选用（　　）。
   A．单芯硬导线　　B．多芯硬导线　　C．多芯软导线　　D．双绞线

6．X6132 型万能铣床除主回路、控制回路及控制板所使用的导线外，其他连接使用（　　）。
   A．单芯硬导线　　　　　　　　　　B．多芯硬导线
   C．多股同规格塑料铜芯软导线　　　D．多芯软导线

7．X6132 型万能铣床电气控制板制作前应检测电动机（　　）。
   A．是否有异味　　　　　　　　　　B．是否有异常声响
   C．三相电阻是否平衡　　　　　　　D．是否振动

8．X6132 型万能铣床电气控制板制作前应检测电动机（　　）。
   A．是否有异味　　B．是否有异常声响　　C．绝缘是否良好　D．是否振动

9．X6132 型万能铣床电气控制板制作前绝缘电阻低于（　　），则必须进行烘干处理。
   A．0.3MΩ　　　　B．0.5MΩ　　　　　C．1.5MΩ　　　　D．4.5MΩ

10．X6132 型万能铣床电气控制板制作前，应准备电工工具一套，钻孔工具一套包括手枪钻、钻头及（　　）等。
   A．螺丝刀　　　　B．电工刀　　　　　C．台钻　　　　　D．丝锥

11．X6132 型万能铣床需制作电气控制板件（　　）件。
   A．4　　　　　　　B．7　　　　　　　C．8　　　　　　　D．10

12．X6132 型万能铣床制作电气控制板时，应用厚（　　）的钢板按要求裁剪出不同规格的控制板。
   A．1mm　　　　　B．1.5mm　　　　　C．2.5mm　　　　D．4mm

13．X6132 型万能铣床制作电气控制板时，划出安装标记后进行钻孔、攻螺纹、去毛刺、

修磨，将板两面刷防锈漆，并在正面喷涂（　　）。

A．黑漆　　　B．白漆　　　C．蓝漆　　　D．黄漆

14．X6132型万能铣床线路左、右侧配电箱控制板时，要注意控制板的（　　），使它们装上元件后能自由进出箱体。

A．尺寸　　　B．颜色　　　C．厚度　　　D．重量

15．X6132型万能铣床线路左、右侧配电箱控制板时，油漆干后，固定好（　　）、热继电器、熔断器、变压器、整流电源和端子等。

A．电流继电器　B．接触器　　C．中间继电器　D．时间继电器

16．X6132型万能铣床线路采用走线槽敷设法敷线时，应采用（　　）。

A．塑料绝缘单心硬铜线　　　　B．塑料绝缘软铜线
C．裸导线　　　　　　　　　　D．护套线

17．X6132型万能铣床线路采用沿板面敷设法敷线时，应采用（　　）。

A．塑料绝缘单心硬铜线　　　　B．塑料绝缘软铜线
C．裸导线　　　　　　　　　　D．护套线

18．X6132型万能铣床线路敷设时，在平行于板面方向上的导线应（　　）。

A．交叉　　　B．垂直　　　C．平行　　　D．平直

19．X6132型万能铣床线路敷设时，在垂直于板面方向上的导线，高度应（　　）。

A．相差5mm　B．相同　　　C．相差10mm　D．相差3mm

20．X6132型万能铣床线路导线与端子连接时，当导线根数不多且位置宽松时，采用（　　）。

A．单层分列　B．多层分列　C．横向分列　D．纵向分列

21．X6132型万能铣床线路导线与端子连接时，如果导线较多，位置狭窄，不能很好地布置成束，则采用（　　）。

A．单层分列　B．多层分列　C．横向分列　D．纵向分列

22．X6132型万能铣床线路导线与端子连接时，导线接入接线端子，首先根据实际需要剥切出连接长度，（　　），然后，套上标号套管，再与接线端子可靠地连接。

A．除锈和清除杂物　　　　　　B．测量接线长度
C．浸锡　　　　　　　　　　　D．恢复绝缘

23．X6132型万能铣床电动机的安装，一般采用起吊装置，先将电动机水平吊起至中心高度并与安装孔对正，再将电动机与（　　）连接件啮合，对准电动机安装孔，旋紧螺栓，最后撤去起吊装置。

A．紧固　　　B．转动　　　C．轴承　　　D．齿轮

24．X6132型万能铣床限位开关安装前，应检查限位开关支架和（　　）是否完好。

A．撞块　　　B．动触头　　C．静触头　　D．弹簧

25．X6132型万能铣床机床床身立柱上各电气部件间的连接导线用（　　）保护。

A．绝缘胶布　B．卡子　　　C．金属软管　D．塑料套管

26．X6132型万能铣床机床床身立柱上电气部件与升降台电气部件之间的连接导线用金属软管保护，其两端按有关规定用（　　）固定好。

A．绝缘胶布　　　B．卡子　　　　　C．导线　　　　　D．塑料套管

27．X6132 型万能铣床敷连接线时，将连接导线从床身或穿线孔穿到相应位置，在两端临时把套管固定。然后，用（　　）校对连接线，套上号码管固定好。
　　A．试电笔　　　B．万用表　　　　C．兆欧表　　　　D．单臂电桥

28．机床的电气连接时，元器件上端子的接线用剥线钳剪切出适当长度，剥出接线头，（　　），然后镀锡，套上号码套管，接到接线端子上用螺钉拧紧即可。
　　A．除锈　　　　B．测量长度　　　C．整理线头　　　D．清理线头

29．机床的电气连接时，所有接线应（　　），不得松动。
　　A．连接可靠　　B．长度合适　　　C．整齐　　　　　D．除锈

30．20/5t 桥式起重机安装前检查各电器是否良好，其中包括检查电动机、电磁制动器、（　　）及其他控制部件。
　　A．凸轮控制器　B．过电流继电器　C．中间继电器　　D．时间继电器

31．20/5t 桥式起重机安装前应准备好常用仪表，主要包括（　　）。
　　A．试电笔　　　　　　　　　　　B．直流双臂电桥
　　C．直流单臂电桥　　　　　　　　D．转速表

32．20/5t 桥式起重机安装前应准备好常用仪表，主要包括（　　）。
　　A．试电笔　　　　　　　　　　　B．直流双臂电桥
　　C．直流单臂电桥　　　　　　　　D．万用表

33．20/5t 桥式起重机安装前应准备好常用仪表，主要包括（　　）。
　　A．试电笔　　　　　　　　　　　B．直流双臂电桥
　　C．直流单臂电桥　　　　　　　　D．钳形电流表

34．20/5t 桥式起重机安装前应准备好常用仪表，主要包括（　　）。
　　A．试电笔　　　　　　　　　　　B．直流双臂电桥
　　C．直流单臂电桥　　　　　　　　D．500V 兆欧表

35．20/5t 桥式起重机安装前应准备好辅助材料，包括电气连接所需的各种规格的导线、压接导线的线鼻子、绝缘胶布、及（　　）等。
　　A．剥线钳　　　B．尖嘴钳　　　　C．电工刀　　　　D．钢丝

36．为了保证桥式起重机有良好的接地状态，必须保证分段轨道接地可靠，通常采用（　　）扁钢或 $\phi 10mm$ 以上的圆钢弯制成圆弧状，两端分别与两端轨道可靠地焊接。
　　A．10mm×1mm　B．20mm×2mm　　C．25mm×2mm　　D．30mm×3mm

37．起重机轨道的连接包括同一根轨道上接头处的连接和两根轨道之间的连接。两根轨道之间的连接通常采用 30mm×3mm 扁钢或（　　）以上的圆钢。
　　A．$\phi 5mm$　　　B．$\phi 8mm$　　　　C．$\phi 10mm$　　　D．$\phi 20mm$

38．桥式起重机接地体的制作时，可选用专用接地体或用（　　）角钢，截取长度为 2.5m，其一端加工成尖状。
　　A．20mm×20mm×2mm　　　　　　B．30mm×30mm×3mm
　　C．40mm×40mm×4mm　　　　　　D．50mm×50mm×5mm

39．接地体制作完成后，在宽 0.5m，深 0.8～1.0m 的沟中将接地体垂直打入土壤中，直

至接地体上端与坑沿地面间的距离为（　　）为止。

  A．0.6m B．1.2m C．2.5m D．3m

40．接地体制作完成后，应将接地体垂直打入土壤中，至少打入3根接地体，接地体之间相距（　　）。

  A．5m B．6m C．8m D．10m

41．桥式起重机接地体制作所用扁钢、角钢均要求（　　）。

  A．表面镀锌 B．整齐 C．表面清洁 D．硬度好

42．桥式起重机接地体；焊接时接触面的四周均要焊接，以（　　）。

  A．增大焊接面积   B．使焊接部分更加美观

  C．使焊接部分更加牢固 D．使焊点均匀

43．桥式起重机连接接地体的扁钢采用（　　）而不能平放，所有扁钢要求平、直。

  A．立行侧放 B．横放 C．倾斜放置 D．纵向放置

44．桥式起重机接地体安装时，用接地电阻测量仪测量接地电阻，其值以不大于（　　）为合格。

  A．1Ω B．3Ω C．4Ω D．10Ω

45．桥式起重机接地体安装时，接地体埋设位置应距建筑物3m以上的地方，桥式起重机接地体的制作距进出口或人行道（　　）以上，应选在土壤导电性较好的地方。

  A．1m B．2m C．3m D．5m

46．桥式起重机接地体安装时，接地体埋设应选在（　　）的地方。

  A．土壤导电性较好 B．土壤导电性较差

  C．土壤导电性一般 D．任意

47．桥式起重机主要构成部件是导管和（　　）。

  A．受电器 B．导轨 C．钢轨 D．拨叉

48．桥式起重机支架悬吊间距约为（　　）。

  A．0.5m B．1.5m C．2.5m D．5m

49．以20/5t桥式起重机导轨为基础，供调整电导管，调整其（　　），直至误差≤4mm。

  A．水平距离 B．垂直距离 C．倾斜距离 D．交叉距离

50．以20/5t桥式起重机导轨为基础，供电导管调整时，调整导管水平高度时，以悬吊梁为基准，在悬吊架处测量并校准，直至误差（　　）。

  A．≤2mm B．≤2.5mm C．≤4mm D．≤6mm

51．20/5t桥式起重机的电路板，应安装在容易观察、便于维修以及（　　）的物体上。

  A．安全可靠 B．易于操作 C．牢固无振动 D．无腐蚀可能

52．20/5t桥式起重机的电源线应接入安全供电滑触线导管的（　　）上。

  A．合金导体 B．银导体 C．铜导体 D．钢导体

53．20/5t桥式起重机的电源线进线方式有（　　）和端部进线两种。

  A．上部进线 B．下部进线 C．中间进线 D．后部进线

54．20/5t桥式起重机限位开关的安装要求是：依据设计位置安装固定限位开关，限位开关的型号、规格要符合设计要求，以保证（　　）、动作灵敏、安装可靠。

A．绝缘良好 B．安全撞压
C．触头使用合理 D．便于维护

55．起重机照明电源由380V电源电压经隔离变压器取得220V和36V，其中220V用于（　　）照明。
　　A．桥箱控制室内　B．桥下　　C．桥架上维修　D．桥箱内电热取暖

56．起重机照明电源由380v电源电压经隔离变压器取得220V和36V，36V用于（　　）照明和桥架上维修照明。
　　A．桥箱控制室内 B．桥下
　　C．桥箱内电风扇 D．桥箱内电热取暖

57．起重机桥箱内电风扇和电热取暖设备的电源用（　　）电源。
　　A．380V　　B．220V　　C．36V　　D．24V

58．起重机照明及信号电路所取得的220V及36V电源均不（　　）。
　　A．重复接地　B．接零　　C．接地　　D．工作接地

59．20/5t桥式起重机电线管路安装时，根据导线直径和根数选择电线管规格，用（　　）、螺钉紧固或焊接方法固定。
　　A．卡箍　　B．铁丝　　C．硬导线　　D．软导线

60．20/5t桥式起重机连接线必须采用铜芯多股软线，而导线一般选用（　　）。
　　A．铜芯多股软线 B．橡胶绝缘电线
　　C．护套线 D．塑料绝缘电线

61．20/5t桥式起重机连接线必须采用铜芯多股软线，采用多股单芯线时，截面积不小于（　　）。
　　A．1mm^2　　B．1.5mm^2　　C．2.5mm^2　　D．4mm^2

62．20/5t桥式起重机连接线必须采用铜芯多股软线，采用多股多芯线时，截面积不小于（　　）。
　　A．1mm^2　　B．1.5mm^2　　C．2.5mm^2　　D．4mm^2

63．桥式起重机操纵室、控制箱内的配线，主回路小截面积导线可用（　　）。
　　A．铜芯多股软线 B．橡胶绝缘电线
　　C．塑料绝缘导线 D．护套线

64．桥式起重机操纵室、控制箱内的配线，控制回路导线可用（　　）。
　　A．铜芯多股软线 B．橡胶绝缘电线
　　C．塑料绝缘导线 D．护套线

65．桥式起重机操纵室、控制箱内配线时，导线穿好后，应核对导线的数量、（　　）。
　　A．质量　　B．长度　　C．规格　　D．走向

66．桥式起重机电线管进、出口处，线束上应套以（　　）保护。
　　A．铜管　　B．塑料管　　C．铁管　　D．钢管

67．桥式起重机电线进入接线端子箱时，线束用（　　）捆扎。
　　A．绝缘胶布　B．腊线　　C．软导线　　D．硬导线

68．20/5t桥式起重机的移动小车上装有主副卷扬机、小车前后运动电动机及（　　）等。

A. 小车左右运动电动机　　　　　　B. 下降限位开关
C. 断路开关　　　　　　　　　　　D. 上升限位开关

69. 橡胶软电缆供、馈电线路采用拖缆安装方式,该结构两端的钢支架采用 50mm×50mm×5mm 角钢或槽钢焊制而成,并通过(　　)固定在桥架上。
A. 底脚　　　B. 钢管　　　C. 角钢　　　D. 扁铁

70. 供、馈电线路采用拖缆安装方式安装时,将尼龙绳与电缆连接,再用吊环将电缆吊在钢缆上,每(　　)设一个吊装点。
A. 2m　　　B. 4m　　　C. 6m　　　D. 10m

71. 供、馈电线路采用拖缆安装方式安装时,将尼龙绳与电缆连接,再用吊环将电缆吊在钢缆上,每 2m 设一个吊装点,吊环与电缆、尼龙绳固定时,电缆上要设(　　)。
A. 防护层　　　B. 绝缘层　　　C. 间距标志　　　D. 标号

72. 供、馈电线路采用拖缆安装方式安装时,钢缆从小车上支架孔内穿过,电缆通过吊环与承力尼龙绳一起吊装在钢缆上,一般尼龙绳的长度比电缆(　　)。
A. 稍长一些　　　B. 稍短一些　　　C. 长 300mm　　　D. 长 500mm

73. 绕线式电动机转子电刷短接时,负载启动力矩不超过额定力矩(　　)时,按转子额定电流的 35%选择截面。
A. 40%　　　B. 50%　　　C. 60%　　　D. 70%

74. 绕线式电动机转子电刷短接时,负载启动力矩不超过额定力矩 50%时,按转子额定电流的 35%选择截面;在其他情况下,按转子额定电流的(　　)选择。
A. 35%　　　B. 50%　　　C. 60%　　　D. 70%

75. 转子电刷不短接,按转子(　　)选择截面。
A. 额定电流　　　B. 额定电压　　　C. 功率　　　D. 带负载情况

76. 反复短时工作制的周期时间 T(　　),工作时间 t_g≤4min 时,导线的允许电流有下述情况确定:截面小于 6mm² 的铜线,其允许电流按长期工作制计算。
A. ≥5min　　　B. ≤10min　　　C. ≤10min　　　D. ≤4min

77. 反复短时工作制的负载持续率是指(　　)。
A. 周期时间与空闲时间之比　　　B. 空闲时间与周期时间之比
C. 周期时间与负载运行时间之比　　　D. 负载运行时间与周期时间之比

78. 我国规定的负载持续率有(　　)四种。
A. 10%、25%、40%、60%　　　B. 15%、25%、40%、50%
C. 10%、25%、40%、50%　　　D. 15%、25%、40%、60%

79. 短时工作制的工作时间 t_g(　　),并且停歇时间内导线或电缆能冷却到周围环境温度时,导线或电缆的允许电流按反复短时工作制确定。
A. ≥5min　　　B. ≤10min　　　C. ≤10min　　　D. ≤4min

80. 短时工作制当工作时间超过(　　)时,导线、电缆的允许电流按长期工作制确定。
A. 1min　　　B. 3min　　　C. 4min　　　D. 8min

81. 短时工作制的停歇时间不足以使导线、电缆冷却到环境温度时,导线、电缆的允许电流按(　　)确定。

A．反复短时工作制 B．短时工作制
C．长期工作制 D．反复长时工作制

82．潮湿和有腐蚀气体的场所内明敷或埋地，一般采用管壁较厚的（ ）。
A．硬塑料管 B．电线管 C．软塑料管 D．白铁管

83．潮湿和有腐蚀气体的场所内明敷或埋地，一般采用管壁较厚的（ ）。
A．硬塑料管 B．电线管 C．软塑料管 D．水煤气管

84．干燥场所内明敷时，一般采用管壁较薄的（ ）。
A．硬塑料管 B．电线管 C．软塑料管 D．水煤气管

85．干燥场所内暗敷时，一般采用管壁较薄的（ ）。
A．硬塑料管 B．电线管 C．软塑料管 D．水煤气管

86．根据穿管导线截面和根数选择线管的直径时，一般要求穿管导线的总截面不应超过线管内径截面的（ ）。
A．15% B．30% C．40% D．55%

87．白铁管和电线管径可根据穿管导线的截面和根数选择，如果导线的截面积为 $1mm^2$，穿导线的根数为两根，则线管规格为（ ）mm。
A．13 B．16 C．19 D．25

88．白铁管和电线管径可根据穿管导线的截面和根数选择，如果导线的截面积为 $1.5mm^2$，穿导线的根数为两根，则线管规格为（ ）mm。
A．13 B．16 C．19 D．25

89．白铁管和电线管径可根据穿管导线的截面和根数选择，如果导线的截面积为 $2.5mm^2$，穿导线的根数为三根，则线管规格为（ ）mm。
A．13 B．16 C．19 D．25

90．根据导线共管敷设原则，下列各线路中不得共管敷设的是（ ）。
A．有联锁关系的电力及控制回路 B．用电设备的信号和控制回路
C．同一照明方式的不同支线 D．互为备用的线路

91．根据导线共管敷设原则，下列各线路中不得共管敷设的是（ ）。
A．有联锁关系的电力及控制回路 B．用电设备的信号和控制回路
C．同一照明方式的不同支线 D．工作照明线路

92．根据导线共管敷设原则，下列各线路中不得共管敷设的是（ ）。
A．有联锁关系的电力及控制回路 B．用电设备的信号和控制回路
C．同一照明方式的不同支线 D．事故照明线路

93．同一照明方式的不同支线可共管敷设，但一根管内的导线数不宜超过（ ）。
A．4根 B．6根 C．8根 D．10根

94．小容量晶闸管调速电路要求（ ），抗干扰能力强，稳定性好。
A．可靠性高 B．调速平滑 C．设计合理 D．适用性好

95．小容量晶体管调速器电路的主回路采用单相桥式半控整流电路，直接由（ ）交流电源供电。
A．24V B．36V C．220V D．380V

96. 小容量晶体管调速器电路中的电压负反馈环节由 R_{16}、R_3、（　　）组成。
   A. RP_6　　　　B. R_9　　　　C. R_{16}　　　　D. R_{20}

97. 小容量晶体管调速器的电路电流截止反馈环节中，信号从主电路电阻（　　）和并联的 RP_5 取出，经二极管 VD_{15} 注入 V_1 的基极，VD_{15} 起着电流截止反馈的开关作用。
   A. R_3　　　　B. R_6　　　　C. R_{10}　　　　D. R_{15}

98. X6132 型万能铣床调试前，应首先检查主回路是否短路，断开电源和变压器一次绕组，用（　　）兆欧表测量绝缘损坏情况。
   A. 250V　　　　B. 500V　　　　C. 1000V　　　　D. 2500V

99. X6132 型万能铣床调试前，应首先检查主回路是否短路，断开变压器二次回路，用万用表（　　）挡测量电源线与零线之间是否短路。
   A. R×1Ω　　　　B. R×10Ω　　　　C. R×100Ω　　　　D. R×1KΩ

100. X6132 型万能铣床调试前，应首先检查主回路是否短路，断开变压器二次回路，用万用表（　　）挡测量电源线与保护线之间是否短路。
   A. R×1Ω　　　　B. R×10Ω　　　　C. R×100Ω　　　　D. R×1KΩ

101. X6132 型万能铣床调试前，检查电源时，首先接通试车电源，用（　　）检查三相电压是否正常。
   A. 电流表　　　　B. 万用表　　　　C. 兆欧表　　　　D. 单臂电桥

102. X6132 型万能铣床主轴启动时，将换向开关 SA_3 拨到标示牌所指示的正转或反转位置，再按钮 SB_3 或（　　），主轴旋转的转向要正确。
   A. SB_1　　　　B. SB_2　　　　C. SB_4　　　　D. SB_5

103. X6132 型万能铣床主轴启动时，如果主轴不转，检查电动机（　　）控制回路。
   A. M_1　　　　B. M_2　　　　C. M_3　　　　D. M_4

104. X6132 型万能铣床主轴制动时，按下停止按钮后，（　　）首先断电，主轴刹车离合器 YC_1 得电吸合，电动机转速很快降低并停下来。
   A. KM_1　　　　B. KM_2　　　　C. KM_3　　　　D. KM_4

105. X6132 型万能铣床主轴制动时，元件动作顺序为：SB_1（或 SB_2）按钮动作→KM_1、M_1 失电→KM_1 常闭触点闭合→（　　）得电。
   A. YC_1　　　　B. YC_2　　　　C. YC_3　　　　D. YC_4

106. X6132 型万能铣床主轴变速时主轴电动机的冲动控制中，元件动作顺序为：（　　）动作→KM_1 动合触点闭合接通→电动机 M_1 转动→SQ_7 复位→KM_1 失电→电动机 M_1 停止，冲动结束。
   A. SQ_1　　　　B. SQ_2　　　　C. SQ_3　　　　D. SQ_7

107. X6132 型万能铣床主轴上刀制动时。把 SA_{2-2} 打到接通位置；SA_{2-1} 断开 127V 控制电源，主轴刹车离合器（　　）得电，主轴不能启动。
   A. YC_1　　　　B. YC_2　　　　C. YC_3　　　　D. YC_4

108. X6132 型万能铣床工作台向后移动时，将（　　）扳到"断开"位置，SA_{1-1} 闭合，SA_{1-2} 断开，SA_{1-3} 闭合
   A. SA_1　　　　B. SA_2　　　　C. SA_3　　　　D. SA_4

109. X6132型万能铣床工作台向上移动时,将(　　)扳到"断开"位置,SA$_{1-1}$闭合,SA$_{1-2}$断开,SA$_{1-3}$闭合
    A. SA$_1$　　　　B. SA$_2$　　　　C. SA$_3$　　　　D. SA$_4$
110. X6132型万能铣床工作台向下移动时,将(　　)扳到"断开"位置,SA$_{1-1}$闭合,SA$_{1-2}$断开,SA$_{1-3}$闭合
    A. SA$_1$　　　　B. SA$_2$　　　　C. SA$_3$　　　　D. SA$_4$
111. X6132型万能铣床工作台向前移动时,将(　　)扳到"断开"位置,SA$_{1-1}$闭合,SA$_{1-2}$断开,SA$_{1-3}$闭合
    A. SA$_1$　　　　B. SA$_2$　　　　C. SA$_3$　　　　D. SA$_4$
112. X6132型万能铣床工作台纵向移动时,操作手柄有(　　)位置。
    A. 两个　　　　B. 三个　　　　C. 四个　　　　D. 五个
113. X6132型万能铣床工作台操作手柄在左时,(　　)行程开关动作,M$_3$电动机反转。
    A. SQ$_1$　　　　B. SQ$_2$　　　　C. SQ$_3$　　　　D. SQ$_5$
114. X6132型万能铣床工作台操作手柄在右时,(　　)行程开关动作,M$_3$电动机正转。
    A. SQ$_1$　　　　B. SQ$_2$　　　　C. SQ$_3$　　　　D. SQ$_5$
115. X6132型万能铣床工作台操作手柄在中间时,行程开关动作,(　　)电动机正转。
    A. M$_1$　　　　B. M$_2$　　　　C. M$_3$　　　　D. M$_4$
116. X6132型万能铣床工作台进给变速冲动时,先将蘑菇形手柄向外拉并转动手柄,将转盘调到所需进给速度,然后将蘑菇形手柄拉到极限位置,这时连杆机构压合SQ$_6$,(　　)接通正转。
    A. M$_1$　　　　B. M$_2$　　　　C. M$_3$　　　　D. M$_4$
117. X6132型万能铣床工作台进给变速冲动时,因蘑菇形手柄一到极限位置随即推回原位,所以(　　)只是瞬时动作。
    A. SQ$_2$　　　　B. SQ$_3$　　　　C. SQ$_4$　　　　D. SQ$_6$
118. X6132型万能铣床工作台快速移动时,在其六个方向上,工作台可以由电动机(　　)拖动和快速离合器YC$_3$配合来实现快速移动控制。
    A. M$_1$　　　　B. M$_2$　　　　C. M$_3$　　　　D. M$_4$
119. X6132型万能铣床工作台快速移动时,在其六个方向上,工作台可以由电动机M$_3$拖动和快速离合器(　　)配合来实现快速移动控制。
    A. YC$_1$　　　　B. YC$_2$　　　　C. YC$_3$　　　　D. YC$_5$
120. X6132型万能铣床工作台快速移动可提高工作效率,调试时,必须保证当按下(　　)时,YC$_3$动作的即时性和准确性。
    A. SB$_2$　　　　B. SB$_3$　　　　C. SB$_4$　　　　D. SB$_5$
121. X6132型万能铣床工作台快速移动可提高工作效率,调试时,必须保证当按下(　　)时,YC$_3$动作的即时性和准确性。
    A. SB$_2$　　　　B. SB$_3$　　　　C. SB$_4$　　　　D. SB$_6$
122. X6132型万能铣床工作台快速进给调试时,将操作手柄扳到相应的位置,按下按钮(　　),KM$_2$得电,其辅助触点接通YC$_3$,工作台就按选定的方向快进。

A. SB₁ B. SB₃ C. SB₄ D. SB₅

123. X6132型万能铣床工作台快速进给调试时，将操作手柄扳到相应的位置，按下按钮（ ），KM₂得电，其辅助触点接通YC₃，工作台就按选定的方向快进。

A. SB₁ B. SB₂ C. SB₃ D. SB₆

124. X6132型万能铣床工作台快速进给调试时，将操作手柄扳到相应的位置，按下按钮SB₅，KM₂得电，其辅助触点接通（ ），工作台就按选定的方向快进。

A. YC₁ B. YC₂ C. YC₃ D. YC₄

125. X6132型万能铣床圆工作台回转运动调试时，主轴电机启动后，进给操作手柄打到零位置，并将SA₁打到接通位置，M₁、M₃分别由（ ）和KM₃吸合而得电运转。

A. KM₁ B. KM₂ C. KM₃ D. KM₄

126. MGB1420万能磨床试车调试时，将（ ）开关转到"试"的位置，中间继电器KA₁接通电位器RP₆，调节电位器使转速达到200～300r/min，将RP₆封住。

A. SA₁ B. SA₂ C. SA₃ D. SA₄

127. MGB1420万能磨床试车调试时，将SA₁开关转到"试"的位置，中间继电器（ ）接通电位器RP₆，调节电位器使转速达到200～300r/min，将RP₆封住。

A. KA₁ B. KA₂ C. KA₃ D. KA₄

128. MGB1420万能磨床电动机空载通电调试时，将SA₁开关转到"开"的位置，中间继电器（ ）接通，并把调速电位器接入电路，慢慢转动RP₁旋钮，使给定电压信号逐渐上升。

A. KA₁ B. KA₂ C. KA₃ D. KA₄

129. MGB1420万能磨床电动机空载通电调试时，将（ ）开关转到"开"的位置，中间继电器KA₂接通，并把调速电位器接入电路，慢慢转动RP₁旋钮，使给定电压信号逐渐上升。

A. SA₁ B. SA₂ C. SA₃ D. SA₄

130. MGB1420万能磨床电动机空载通电调试时，将SA₁开关转到"开"的位置，中间继电器KA₂接通，并把调速电位器接入电路，慢慢转动（ ）旋钮，使给定电压信号逐渐上升。

A. RP₁ B. RP₂ C. RP₃ D. RP₄

131. MGB1420万能磨床电流截止负反馈电路调整，工件电动机的功率为0.55KW，额定电流为（ ）。

A. 1.5A B. 2A C. 3A D. 5A

132. MGB1420万能磨床电流截止负反馈电路调整时，应将截止电流调至（ ）左右。

A. 1.5A B. 2A C. 3A D. 4.2A

133. MGB1420万能磨床电流截止负反馈电路调整，工件电动机的功率为0.55KW，额定电流为3A，将截止电流调至4.2A左右。把电动机转速调到（ ）的范围内。

A. 20～30r/min B. 100～200r/min
C. 200～300r/min D. 700～800r/min

134. MGB1420万能磨床电动机转数稳定调整时，调节（ ）可调节电压微分负反馈，以改善电动机运转时的动态特性。

  A．RP_1 B．RP_2 C．RP_4 D．RP_5

135．MGB1420万能磨床电动机转数稳定调整时，V_{19}、（　　）组成电流正反馈环节，R_{29}、R_{36}、R_{28}组成电压负反馈电路。

  A．R_{26} B．R_{27} C．R_{31} D．R_{32}

136．MGB1420万能磨床的锯齿波形成电容器选择范围一般是（　　）。

  A．0.1～1μF B．1～1.5μF C．2～3μF D．5～7μF

137．在MGB1420万能磨床中，一般触发大容量的晶闸管时，C应选得大一些，如晶闸管是50A的，C应选（　　）。

  A．0.47μF B．0.2μF C．2μF D．5μF

138．在MGB1420万能磨床中，一般触发大容量的晶闸管时，C应选得大一些，如晶闸管是100A的，C应选（　　）。

  A．0.47μF B．0.2μF C．2μF D．5μF

139．在MGB1420万能磨床中，若放电电阻选得过小，则（　　）。

  A．晶闸管不易导通 B．晶闸管误触发

  C．晶闸管导通后不关断 D．晶闸管过热

140．在MGB1420万能磨床中，若放电电阻选得过大，则（　　）。

  A．晶闸管不易导通 B．晶闸管误触发

  C．晶闸管导通后不关断 D．晶闸管过热

141．在MGB1420万能磨床中，充电电阻R的大小是根据（　　）及充电电容器C的大小来决定的。

  A．晶闸管移相范围的要求 B．晶闸管是否触发

  C．晶闸管导通后是否关断 D．晶闸管是否过热

142．在MGB1420万能磨床中，温度补偿电阻一般选（　　）。

  A．100～150Ω B．200～300Ω C．300～400Ω D．400～500Ω

143．在MGB1420万能磨床中，温度补偿电阻采用（　　）。

  A．150Ω B．200Ω C．390Ω D．500Ω

144．在MGB1420万能磨床中，要求温度补偿较好时可用（　　）来确定。

  A．经验 B．实验方法 C．计算 D．对比

145．在MGB1420万能磨床中，对于单结晶体管来说，一般选用n在（　　）。

  A．0.5～0.85 B．0.85～1 C．1～2 D．3～5

146．20/5t桥式起重机通电调试前的绝缘检查，应用500V兆欧表测量设备的绝缘电阻，要求该阻值不低于（　　），潮湿天气不低于0.25MΩ。

  A．0.5MΩ B．1MΩ C．1.5MΩ D．2MΩ

147．20/5t桥式起重机通电调试前，检查过电流继电器的电流值整定情况时，整定总过电流继电器K_4的电流值为全部电动机额定电流之和的（　　）。

  A．0.5倍 B．1倍 C．1.5倍 D．2.5倍

148．20/5t桥式起重机通电调试前，检查过电流继电器的电流值整定情况时，各个分过

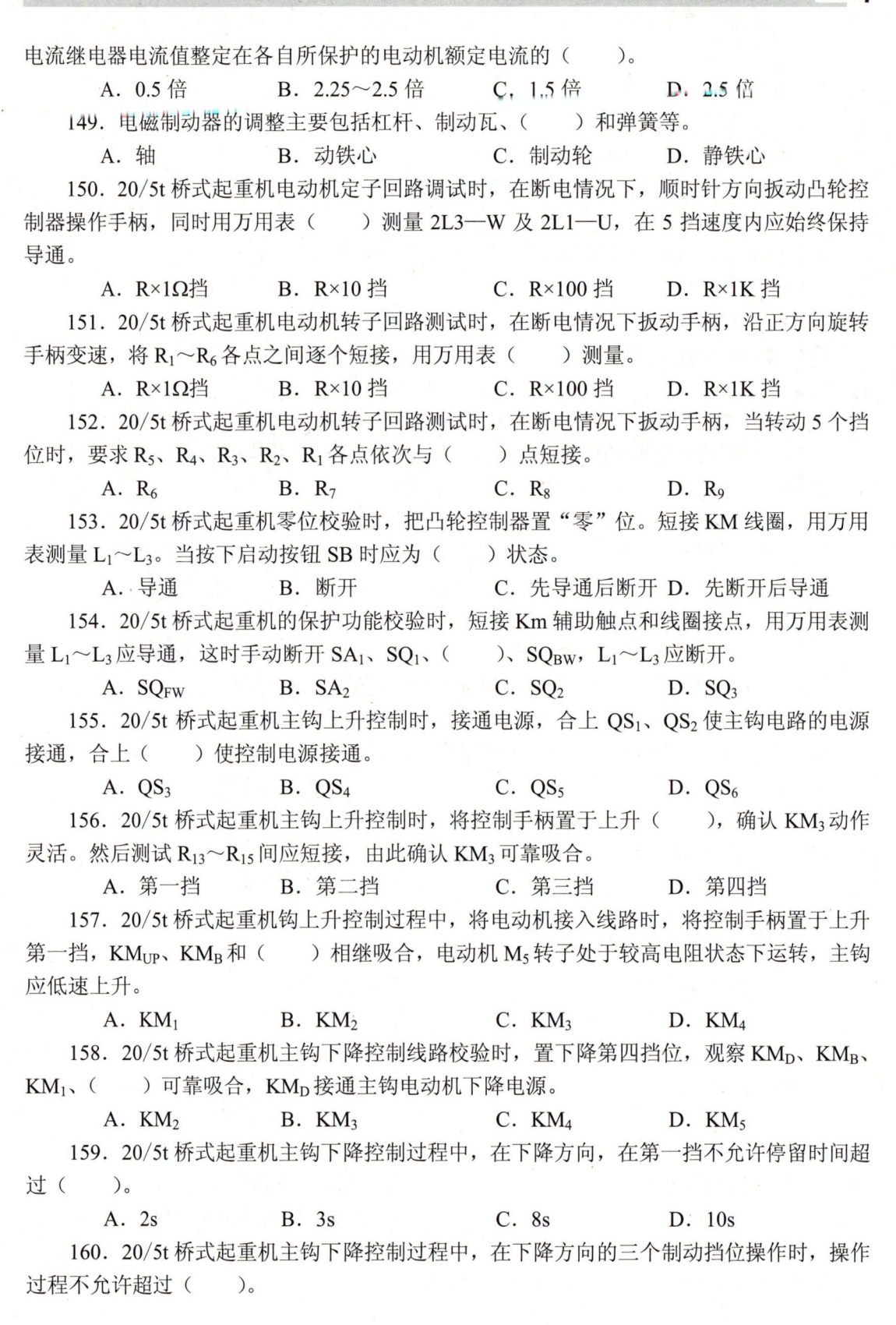

电流继电器电流值整定在各自所保护的电动机额定电流的（　　）。

  A．0.5 倍　　　　B．2.25～2.5 倍　　　C．1.5 倍　　　D．2.5 倍

149．电磁制动器的调整主要包括杠杆、制动瓦、（　　）和弹簧等。

  A．轴　　　　B．动铁心　　　　C．制动轮　　　　D．静铁心

150．20/5t 桥式起重机电动机定子回路调试时，在断电情况下，顺时针方向扳动凸轮控制器操作手柄，同时用万用表（　　）测量 2L3—W 及 2L1—U，在 5 挡速度内应始终保持导通。

  A．R×1Ω 挡　　　B．R×10 挡　　　C．R×100 挡　　　D．R×1K 挡

151．20/5t 桥式起重机电动机转子回路测试时，在断电情况下扳动手柄，沿正方向旋转手柄变速，将 R_1～R_6 各点之间逐个短接，用万用表（　　）测量。

  A．R×1Ω 挡　　　B．R×10 挡　　　C．R×100 挡　　　D．R×1K 挡

152．20/5t 桥式起重机电动机转子回路测试时，在断电情况下扳动手柄，当转动 5 个挡位时，要求 R_5、R_4、R_3、R_2、R_1 各点依次与（　　）点短接。

  A．R_6　　　　B．R_7　　　　C．R_8　　　　D．R_9

153．20/5t 桥式起重机零位校验时，把凸轮控制器置"零"位。短接 KM 线圈，用万用表测量 L_1～L_3。当按下启动按钮 SB 时应为（　　）状态。

  A．导通　　　B．断开　　　C．先导通后断开　　D．先断开后导通

154．20/5t 桥式起重机的保护功能校验时，短接 Km 辅助触点和线圈接点，用万用表测量 L_1～L_3 应导通，这时手动断开 SA_1、SQ_1、（　　）、SQ_{BW}，L_1～L_3 应断开。

  A．SQ_{FW}　　　B．SA_2　　　C．SQ_2　　　D．SQ_3

155．20/5t 桥式起重机主钩上升控制时，接通电源，合上 QS_1、QS_2 使主钩电路的电源接通，合上（　　）使控制电源接通。

  A．QS_3　　　B．QS_4　　　C．QS_5　　　D．QS_6

156．20/5t 桥式起重机主钩上升控制时，将控制手柄置于上升（　　），确认 KM_3 动作灵活。然后测试 R_{13}～R_{15} 间应短接，由此确认 KM_3 可靠吸合。

  A．第一挡　　　B．第二挡　　　C．第三挡　　　D．第四挡

157．20/5t 桥式起重机钩上升控制过程中，将电动机接入线路时，将控制手柄置于上升第一挡，KM_{UP}、KM_B 和（　　）相继吸合，电动机 M_5 转子处于较高电阻状态下运转，主钩应低速上升。

  A．KM_1　　　B．KM_2　　　C．KM_3　　　D．KM_4

158．20/5t 桥式起重机主钩下降控制线路校验时，置下降第四挡位，观察 KM_D、KM_B、KM_1、（　　）可靠吸合，KM_D 接通主钩电动机下降电源。

  A．KM_2　　　B．KM_3　　　C．KM_4　　　D．KM_5

159．20/5t 桥式起重机主钩下降控制过程中，在下降方向，在第一挡不允许停留时间超过（　　）。

  A．2s　　　　B．3s　　　　C．8s　　　　D．10s

160．20/5t 桥式起重机主钩下降控制过程中，在下降方向的三个制动挡位操作时，操作过程不允许超过（　　）。

A．2s　　　　　B．3s　　　　　C．8s　　　　　D．10s

161．20/5t 桥式起重机主钩下降控制过程中，空载慢速下降，可以利用制动（　　）挡配合强力下降"3"挡交替操纵实现控制。

A．"1"　　　　B．"2"　　　　C．"4"　　　　D．"5"

162．20/5t 桥式起重机吊钩加载试车时，加载要（　　）。

A．快速进行　　B．先快后慢　　C．逐步进行　　D．先慢后快

163．20/5t 桥式起重机吊钩加载试车时，加载过程中要注意是否有（　　）、声音等不正常现象。

A．电流过大　　B．电压过高　　C．发热　　　　D．空载损耗大

164．20/5t 桥式起重机吊钩加载试车时，加载过程中要注意是否有（　　）、声音等不正常现象。

A．电流过大　　B．电压过高　　C．打火　　　　D．空载损耗大

165．20/5t 桥式起重机吊钩加载试车时，加载过程中要注意是否有（　　）、声音等不正常现象。

A．电流过大　　B．电压过高　　C．异味　　　　D．空载损耗大

166．较复杂机械设备电气控制线路调试前，应准备的仪器主要有（　　）。

A．钳形电流表　B．电压表　　　C．转速表　　　D．调压器

167．较复杂机械设备电气控制线路调试前，应准备的仪器主要有（　　）。

A．钳形电流表　B．电压表　　　C．万用表　　　D．调压器

168．较复杂机械设备电气控制线路调试前，应准备的仪器主要有（　　）。

A．钳形电流表　B．电压表　　　C．双踪示波器　D．调压器

169．较复杂机械设备电气控制线路调试前，应准备的设备主要是指（　　）。

A．交流调速装置　　　　　　　　B．晶闸管开环系统
C．晶闸管双闭环调速直流拖动装置　　D．晶闸管单闭环调速直流拖动装置

170．较复杂机械设备电气控制线路调试的原则是（　　）。

A．先部件后系统　　　　　　　　B．先闭环后开环
C．先外环后内环　　　　　　　　D．先电机后阻性负载

171．较复杂机械设备电气控制线路调试的原则是（　　）。

A．先开环后闭环　　　　　　　　B．先系统后部件
C．先外环后内环　　　　　　　　D．先电机后阻性负载

172．较复杂机械设备电气控制线路调试的原则是（　　）。

A．先闭环后开环　　　　　　　　B．先系统后部件
C．先内环后外环　　　　　　　　D．先电机后阻性负载

173．较复杂机械设备电气控制线路调试的原则是（　　）。

A．先闭环后开环　　　　　　　　B．先系统后部件
C．先外环后内环　　　　　　　　D．先阻性负载后电机负载

174．MGB1420 磨床晶闸管直流调速系统开环调试时，应用示波器检查整流变压器与同步变压器二次侧相对（　　）、相位必须一致。

A．相序　　　　　B．次序　　　　　C．顺序　　　　　D．超前量

175．MGB1420 磨床晶闸管直流调速系统反馈强度整定时，缓缓增加（　　），注意电流变化情况，直到 I_g 达到最大允许值并且稳定。

A．U_g　　　　　B．E_g　　　　　C．F_g　　　　　D．Q_g

176．MGB1420 磨床晶闸管直流调速系统反馈强度整定时，使电枢电流等于额定电流的 1.4 倍时，调节（　　）使电动机停下来。

A．RP_1　　　　B．RP_2　　　　C．RP_3　　　　D．RP_4

177．M7475B 的电磁吸盘由晶闸管整流电路提供电流，并使用大电容进行滤波，以减小（　　）。

A．电压　　　　　B．电流　　　　　C．电压脉动　　　D．功率

178．M7475B 的电磁吸盘由晶闸管整流电路提供电流，并使用（　　）进行滤波，以减小电压脉动成分。

A．小电感　　　　B．大电感　　　　C．大电容　　　　D．小电容

179．M7475B 的电磁吸盘由（　　）提供电流，并使用大电容进行滤波，以减小电压脉动成分。

A．晶闸管整流电路　　　　　　　　B．单相全波可控整流电路
C．三相桥式半控整流电路　　　　　D．三相半波可控整流电路

180．M7475B 的电磁吸盘励磁给定电压增大时，V_2 导通时间（　　），触发脉冲前移，晶闸管导通角增大，流过电磁吸盘的电流增大。

A．提前　　　　　B．推后　　　　　C．不变　　　　　D．增加

181．M7475B 的电磁吸盘励磁给定电压增大时，V_2 导通时间提前，触发脉冲（　　），晶闸管导通角增大，流过电磁吸盘的电流增大。

A．后退　　　　　B．不变　　　　　C．前移　　　　　D．消失

182．M7475B 的电磁吸盘励磁给定电压增大时，V_2 导通时间提前，触发脉冲前移，晶闸管导通角增大，流过电磁吸盘的电流（　　）。

A．增大　　　　　B．减小　　　　　C．不变　　　　　D．消失

183．M7475B 的电磁吸盘退磁的时候，由于 C_{10} 的放电，晶闸管的导通角逐渐减小，使加在 YH 上的正向电压和反向电压逐渐降低。

A．接入　　　　　B．断开　　　　　C．充电　　　　　D．放电

184．M7475B 的电磁吸盘退磁的时候，由于 C_{10} 的放电，晶闸管的导通角逐渐减小，使加在 YH 上的正向电压和反向电压逐渐降低。

A．突然增大　　　B．突然减小　　　C．逐渐增大　　　D．逐渐减小

185．M7475B 的电磁吸盘退磁的时候，由于 C_{10} 的放电，晶闸管的导通角逐渐减小，使加在 YH 上的正向电压和反向电压逐渐降低。

A．突然增大　　　B．突然消失　　　C．逐渐增加　　　D．逐渐降低

（二）判断题

1．X6132 型万能铣床的电气控制板制作前，应检测电动机三相电阻是否平衡，绝缘是否

良好，若绝缘电阻低于 0.5MΩ，则必须进行烘干处理。 （   ）

2．X6132 型万能铣床的电气控制板制作前，应检测电动机三相电阻是否平衡，绝缘是否良好，若绝缘电阻低于 0.5MΩ，可继续使用。 （   ）

3．X6132 型万能铣床所使用导线的绝缘耐压等级为 500V。 （   ）

4．X6132 型万能铣床所使用导线的绝缘耐压等级为 200V。 （   ）

5．X6132 型万能铣床电气控制板制作前，应检查开关元件的开关性能是否良好，外形是否良好。 （   ）

6．X6132 型万能铣床电气控制板制作前，应检查开关元件的开关性能是否良好，外形可不检查。 （   ）

7．X6132 型万能铣床电气控制板制作前，可不用准备工具。 （   ）

8．X6132 型万能铣床电气控制板制作前，应准备必要的工具。 （   ）

9．X6132 型万能铣床的电气元件安装时，要求元件之间、元件与箱壁之间的距离在各个方向上保持均匀。 （   ）

10．X6132 型万能铣床的电气元件安装时，保证门开关时，元件之间、元件与箱体之间不会发生碰撞。 （   ）

11．X6132 型万能铣床线路左、右侧配电箱控制板时的电气元件安装时，元件布置要美观、流畅、均匀。并留出配线空间。 （   ）

12．X6132 型万能铣床线路左、右侧配电箱控制板时的电气元件安装时，元件布置要美观、流畅、均匀。固定电气标牌。 （   ）

13．X6132 型万能铣床导线与端子的连接时，敷设完毕，进行修整，然后固定绑扎导线。最后，用小木锤将线轻轻敲打平整。 （   ）

14．X6132 型万能铣床导线与端子的连接时，敷设完毕，进行修整，然后固定绑扎导线。最后，用小铁锤将线轻轻敲打平整。 （   ）

15．X6132 型万能铣床线路导线与端子连接时，连接导线一般不走架空线，以求板面整齐美观。 （   ）

16．X6132 型万能铣床线路导线与端子连接时，根据实际需要，连接导线可走架空线。 （   ）

17．X6132 型万能铣床电动机的安装时，一般起吊装置可中途撤去。 （   ）

18．X6132 型万能铣床电动机的安装时，一般起吊装置需最后撤去。 （   ）

19．X6132 型万能铣床限位开关的安装时，要将限位开关放置在撞块安全撞压区内，固定牢固。 （   ）

20．X6132 型万能铣床限位开关的安装时，要将限位开关放置在撞块安全撞压区外，固定牢固。 （   ）

21．X6132 型万能铣床敷连接线时，测完全部导线，应在任意一端套上号码套管。（   ）

22．X6132 型万能铣床控制板安装时，在控制板和控制箱壁之间不允许垫螺母或垫片，以免通电后造成短路事故。 （   ）

23．机床的电气连接时，元器件上端子的接线必须按规定的步骤进行。 （   ）

24．机床的电气连接时，元器件上端子的接线无具体要求。 （   ）

25. 机床的电气连接安装完毕后,对照原理图和接线图认真检查,有无错接、漏接现象。
(   )

26. 机床的电气连接安装完毕后,若正确无误,则将按钮盒安装就位,关上控制箱门,即可准备试车。(   )

27. 20/5t 桥式起重机安装前检查各电器是否良好,如发现质量问题,应及时修理和更换。
(   )

28. 20/5t 桥式起重机安装前检查各电器是否良好,如发现质量问题,应定时修理和更换。
(   )

29. 20/5t 桥式起重机安装前应根据电气控制电路图,检查并清点电气部件和材料是否齐全。(   )

30. 20/5t 桥式起重机安装前,应检查并清点电气部件和材料是否齐全。(   )

31. 20/5t 桥式起重机安装前应准备好辅助材料包括螺丝和螺母。(   )

32. 20/5t 桥式起重机安装前应准备好辅助材料不包括螺丝和螺母。(   )

33. 桥式起重机在室内安装时,室内的接地扁钢沿墙敷设,并安装固定扁钢的卡子。两端与两根轨道可靠地焊接。(   )

34. 桥式起重机在室内安装时,室内的接地扁钢沿墙敷设,并安装固定扁钢的卡子。
(   )

35. 桥式起重机接地体的一端通常加工成尖状。(   )

36. 桥式起重机接地体的一端通常加工成阶梯状。(   )

37. 接地体制作完成后,在深 0.8~2.0m 的沟中将接地体垂直打入土壤中。(   )

38. 接地体制作完成后,深 0.8~1.0m 的沟中将接地体垂直打入土壤中。(   )

39. 桥式起重机接地体制作时,所有扁钢均要求平、直。(   )

40. 桥式起重机接地体制作时,大部分扁钢要求平、直。(   )

41. 桥式起重机接地体埋设时,若条件不允许可在垃圾、灰渣填埋处埋设。(   )

42. 桥式起重机接地体埋设时,如果土质较差,则应采取相应措施。(   )

43. 桥式起重机支架安装要求牢固、垂直、排列整齐。(   )

44. 桥式起重机支架安装要求牢固、水平、排列整齐。(   )

45. 桥式起重机供电导管调整完毕,将受电器在导管中反复推行,重点检查接头处有无撞击阻碍现象,是否能运动自如。(   )

46. 桥式起重机供电导管调整完毕,严禁将受电器在导管中反复推行,重点检查接头处有无撞击阻碍现象,是否能运动自如。(   )

47. 桥式起重机电源线接线完毕,用万用表检测是否有短路现象,确认完好后,在导管另一端套上封盖端帽。(   )

48. 桥式起重机电源线接线完毕,用万用表检测是否有短路现象,确认完好后,在导管两端分别套上封盖端帽。(   )

49. 20/5t 桥式起重机限位开关包括小车前后极限限位开关,大车左右极限限位开关等。
(   )

50. 20/5t 桥式起重机限位开关包括小车前后极限限位开关,大车左右极限限位开关,但

不包括主钩上升极限限位开关。（　　）

51．桥式起重机的凸轮控制器安装时，控制转轴要竖直放置，安装后应转动灵活。
（　　）

52．起重机照明电路中，36V 可作为警铃电源及安全行灯电源。（　　）

53．起重机照明及信号电路电路所取得的电源，严禁利用起重机壳体作为电源回路。
（　　）

54．起重机照明及信号电路电路所取得的电源，严禁利用起重机壳体或轨道作为工作零线。（　　）

55．桥式起重机电线管路固定后，要求横平、竖直、合理、美观、牢固。（　　）

56．桥式起重机电线管路固定后，要求不妨碍运动部件和操作人员活动。（　　）

57．20/5t 桥式起重机敷线时，进入接线端子箱时，线束用腊线捆扎。（　　）

58．20/5t 桥式起重机敷线时，进入接线端子箱时，线束用导线捆扎。（　　）

59．桥式起重机操纵室、控制箱内配线时，对线前准备好号码标示管，在对号的同时套好号码标示管并做线结，以防号码标示管脱落。（　　）

60．桥式起重机操纵室、控制箱内配线时，对线前准备好号码标示管，在对号结束后应立即套好号码标示管并做线结，以防号码标示管脱落。（　　）

61．桥式起重机接线结束后，应再次检查，确认无误。（　　）

62．桥式起重机接线结束后，可立即投入使用。（　　）

63．桥式起重机根据小车在使用过程中不断运动的特点，通常有软线和硬线两种供、馈电线路。（　　）

64．桥式起重机根据小车在使用过程中不断运动的特点，通常有软线、硬线及软线硬线并用三种供、馈电线路。（　　）

65．桥式起重机橡胶软电缆供、馈电线路采用拖缆安装方式，电缆移动端与小车上支架固定连接以减少钢缆受力。钢缆上涂一层黏油以润滑、防锈。（　　）

66．桥式起重机橡胶软电缆供、馈电线路采用拖缆安装方式，电缆移动端与小车上支架固定连接以减少钢缆受力。禁止在钢缆上涂黏油作润滑、防锈用。（　　）

67．供、馈电线路接好线后，移动小车，观察拖缆拖动情况，吊环不阻滞、电缆受力合理并且不打结即可准备试车。（　　）

68．供、馈电线路接好线后，移动小车，观察拖缆拖动情况，吊环不阻滞、电缆受力合理即可准备试车。（　　）

69．绕线式电动机转子的额定电流和导线的允许电流，均按电动机的工作制确定。（　　）

70．绕线式电动机转子的导线允许电流，不能按电动机的工作制确定。（　　）

71．反复短时工作制的周期时间应该小于 20min，工作时间小于 10min。（　　）

72．反复短时工作制的周期时间与负载运行时间之比即负载持续率。（　　）

73．当工作时间超过 4min 或停歇时间不足以使导线、电缆冷却到环境温度时，则导线、电缆的允许电流按短期工作制确定。（　　）

74．当工作时间超过 4min 或停歇时间不足以使导线、电缆冷却到环境温度时，则导线、电缆的允许电流按反复短期工作制确定。（　　）

75．腐蚀性较大的场所内明敷或暗敷，一般采用硬塑料管。   （   ）
76．腐蚀性较大的场所内明敷或暗敷，一般采用电线管。   （   ）
77．根据穿管导线截面和根数选择线管的直径时，一般要求穿管导线的总截面不应超过线管内径截面的 50%。   （   ）
78．根据穿管导线截面和根数选择线管的直径时，一般要求穿管导线的总截面不应超过线管内径截面的 60%。   （   ）
79．控制线与动力线共管，当线路较长或弯头较多时，控制线的截面应不小于动力线截面的 20%。   （   ）
80．控制线与动力线共管，当线路较长或弯头较多时，控制线的截面应不小于动力线截面的 10%。   （   ）
81．KCJ1 型小容量直流电动机晶闸管调速系统由给定电压环节、运算放大器电压负反馈环节、电流截止负反馈环节组成。   （   ）
82．KCJ1 型小容量直流电动机晶闸管调速系统由给定电压环节、运算放大器电压负反馈环节、电流截止正反馈环节组成。   （   ）
83．小容量晶体管调速器电路由于主回路串接了平波电抗器 Ld，故电流输出波形得到改善。   （   ）
84．小容量晶体管调速器电路由于主回路并接了平波电抗器 Ld，故电流输出波形得到改善。   （   ）
85．小容量晶体管调速器电路由于采用了电压负反馈，有效地补偿了电枢内阻压降。
                                                                    （   ）
86．小容量晶体管调速器电路由于采用了电流负反馈，有效地补偿了电枢内阻压降。
                                                                    （   ）
87．当负载电流大于额定电流时，由于电流截止反馈环节的调节作用，晶闸管的导通角减小，输出的直流电压减小，电流也随之减小。   （   ）
88．当负载电流大于额定电流时，由于电流截止反馈环节的调节作用，晶闸管的导通角减小，输出的直流电压减大，电流随之减小。   （   ）
89．X6132 型万能铣床调试前，检查熔丝时，用钳形电流表检查熔丝是否良好，其型号、规格是否正确。   （   ）
90．X6132 型万能铣床调试前，检查熔丝时，用万用表检查熔丝是否良好，其型号、规格是否正确。   （   ）
91．X6132 型万能铣床的 SB$_3$ 按钮在升降台的按钮板上。   （   ）
92．X6132 型万能铣床的 SB$_4$ 按钮在床身立柱侧的按钮板上。   （   ）
93．X6132 型万能铣床的 SB$_1$ 按钮位于立柱侧。   （   ）
94．X6132 型万能铣床的 SB$_1$ 按钮位于升降抬上。   （   ）
95．X6132 型万能铣床主轴变速时主轴电动机的冲动控制时，先把主轴瞬时冲动手柄向上压，并拉到前面，转动主轴调速盘，选择所需的转速，再把冲动手柄以较快速度推回原位。
                                                                    （   ）
96．X6132 型万能铣床主轴变速时主轴电动机的冲动控制时，先把主轴瞬时冲动手柄向下压,并拉到后面,转动主轴调速盘,选择所需的转速,再把冲动手柄以较快速度推回原位。
(   )

97. 为了安全起见,X6132型万能铣床主轴上刀时不允许转动。(   )

98. 为了提高工作效率,X6132型万能铣床主轴上刀时可以转动。(   )

99. X6132型万能铣床工作台升降(上下)和横向(前后)移动调试时,通过调整操纵手柄联动机构及限位开关SQ_1和SQ_4的位置,使开关可靠地动作。(   )

100. X6132型万能铣床工作台升降(上下)和横向(前后)移动调试时,通过调整操纵手柄联动机构及限位开关SQ_3和SQ_4的位置,使开关可靠地动作。(   )

101. X6132型万能铣床工作台纵向移动由纵向操作手柄来控制。(   )

102. X6132型万能铣床工作台纵向移动由横向操作手柄来控制。(   )

103. 在X6132型万能铣床工作台进给变速冲动过程中,当手柄推回时,用万用表R×1Ω挡测量触点动作情况。(   )

104. 在X6132型万能铣床工作台进给变速冲动过程中,当手柄推回时,用万用表R×10K挡测量触点动作情况。(   )

105. X6132型万能铣床工作台的快速移动是通过点动控制实现的。(   )

106. X6132型万能铣床工作台的快速移动是通过点动与连续控制实现的。(   )

107. X6132型万能铣床工作台快速进给调试时,工作台在各个方向都可以作快速运动。
(   )

108. X6132型万能铣床工作台快速进给调试时,工作台可以在横向作快速运动。(   )

109. X6132型万能铣床圆工作台回转运动调试时,圆工作台只能单方向旋转。(   )

110. X6132型万能铣床圆工作台回转运动调试时,圆工作台可以双向旋转。(   )

111. MGB1420万能磨床试车调试时,将SA_1开关转到"关"的位置,中间继电器KA_1接通电位器RP_6。(   )

112. MGB1420万能磨床试车调试时,将SA_1开关转到"试"的位置,中间继电器KA_1接通电位器RP_6。(   )

113. MGB1420电动机空载通电调试时,给定电压信号逐渐上升时,电动机速度应平滑上升,无振动、无噪声等异常情况。否则反复调节RP_5,直至最佳状态为止。(   )

114. MGB1420电动机空载通电调试时,给定电压信号逐渐上升时,电动机速度应平滑上升,无振动、无噪声等异常情况。否则反复调节RP_6,直至最佳状态为止。(   )

115. MGB1420电动机空载通电调试时,把电动机转速调到700~800r/min的范围内,加大电动机负载使电流值达到额定电流的1.4倍。(   )

116. MGB1420电动机空载通电调试时,把电动机转速调到700~800r/min的范围内,加大电动机负载使电流值达到额定电流的2.4倍。(   )

117. MGB1420电动机转数稳定调整时,调节RP_2便可调节电流正反馈强度。(   )

118. MGB1420电动机转数稳定调整时,调节RP_4便可调节电流正反馈强度。(   )

119. 电容器的容量在选择时,若选得太小,R就必须很小,这将引起单结晶体管直通,就发不出脉冲。(   )

120. 电容器的容量在选择时,若选得太大,R就必须很小,这将引起单结晶体管直通,

第三章 中级维修电工鉴定指南

就发不出脉冲。(   )

121. 在MGB1420万能磨床中，充电电阻R如果选得太小，会使单结晶体管导通后不再关断。(   )

122. 在MGB1420万能磨床中，充电电阻R如果选得太大，会使单结晶体管导通后不再关断。(   )

123. 在MGB1420万能磨床中，对于单结晶体管来说，选得太大脉冲幅度会不够高。(   )

124. 在MGB1420万能磨床中，对于单结晶体管来说，选得太小触发时间容易不稳定。(   )

125. 在MGB1420万能磨床中，可用万用表测量设备的绝缘电阻。(   )

126. 在MGB1420万能磨床中，可用钳形电流表测量设备的绝缘电阻。(   )

127. 20/5t 桥式起重机电磁力的调整就是调整两个铁心的间隙。(   )

128. 20/5t 桥式起重机调整制动瓦与制动轮的间距时，要求在制动时，制动瓦紧贴在制动轮圆面上无间隙。(   )

129. 20/5t 桥式起重机电动机定子回路调试时，把手柄置于中间"零"位，则 $2L_1$、$2L_3$ 与 U、W 均应断开。(   )

130. 20/5t 桥式起重机电动机定子回路调试时，把手柄置于中间"零"位，则 $2L_1$、$2L_3$ 与 U、W 均不断开。(   )

131. 20/5t 桥式起重机电动机定子回路调试时，反向转动手柄与正向转动手柄，短接情况是相同的。(   )

132. 20/5t 桥式起重机电动机定子回路调试时，反向转动手柄与正向转动手柄，短接情况是完全不同的。(   )

133. 20/5t 桥式起重机启动时，具有非零位不启动的特点。(   )

134. 20/5t 桥式起重机零位校验时，把凸轮控制器置"零"位。(   )

135. 20/5t 桥式起重机保护功能校验与零位启动校验两者步骤相同。(   )

136. 20/5t 桥式起重机保护功能校验与零位启动校验两者步骤不同。(   )

137. 20/5t 桥式起重机主钩上升控制时，将控制手柄置于上升第一挡，确认 SA_3、SA_4、SA_5、SA_7 闭合良好。(   )

138. 20/5t 桥式起重机主钩上升控制时，将控制手柄置于上升第一挡，确认 SA_1、SA_4、SA_5、SA_7 闭合良好。(   )

139. 为确保安全，20/5t 桥式起重机主钩上升控制调试时，可首先将主钩上升极限位置开关下调到某一位置，确认限位开关保护功能正常后，再恢复到正常位置。(   )

140. 为确保安全，20/5t 桥式起重机主钩上升控制调试时，可首先将主钩上升极限位置开关上调到某一位置，确认限位开关保护功能正常后，再恢复到正常位置。(   )

141. 20/5t 桥式起重机主钩下降控制线路校验时，首先断开电源，然后将电动机连接线断开并妥善处理，防止碰线或短路。(   )

142. 20/5t 桥式起重机主钩下降控制线路校验时，首先断开电源，然后将电动机连接线封接并妥善处理，防止碰线或短路。(   )

143. 20/5t 桥式起重机主钩下降控制线路校验时，空载慢速下降时，应注意在"2"挡停留时间不宜过长。（ ）

144. 20/5t 桥式起重机主钩下降控制线路校验时，空载慢速下降时，应注意在"4"挡停留时间不宜过长。（ ）

145. 20/5t 桥式起重机加载试车调试时，应确保电磁制动能有效的制动。（ ）

146. 20/5t 桥式起重机加载试车调试时，非调试人员应离开现场，进入安全区。（ ）

147. 机械设备电气控制线路调试前，应将电子器件的插件全部拔出，检查设备的绝缘及接地是否良好。（ ）

148. 机械设备电气控制线路调试前，应将电子器件的插件全部插好，检查设备的绝缘及接地是否良好。（ ）

149. 机械设备电气控制线路调试时，应先将反馈断开进行调试，然后再接入反馈进行调试。（ ）

150. 机械设备电气控制线路调试时，应先接入电机进行调试，然后再接入电阻性负载进行调试。（ ）

151. 机械设备电气控制线路控制电压测试时，应用万用表测量各点电压是否符合要求。（ ）

152. 机械设备电气控制线路控制电流测试时，应用万用表测量各点电压是否符合要求。（ ）

153. 机械设备电气控制线路闭环调试时，应先调节电流环，再调节速度环。（ ）

154. 机械设备电气控制线路闭环调试时，应先调节速度环，再调节电流环。（ ）

155. M7475B 的电磁吸盘晶闸管在一次侧导通时的过电流现象较严重，电路中采用了快速熔断器做过电流保护。（ ）

156. M7475B 的电磁吸盘晶闸管在一次侧导通时的过电流现象较严重，电路中应该采用断路器做过电流保护。（ ）

157. M7475B 的电磁吸盘励磁给定电压的方向是使 V_2 导通，而锯齿波电压的极性是使 V_2 截止，这两个电压的极性正好相反。（ ）

158. M7475B 的电磁吸盘退磁电压的方向是使 V_2 导通，而锯齿波电压的极性是使 V_2 截止，这两个电压的极性正好相反。（ ）

159. M7475B 的电磁吸盘退磁的时候，通过 YH 的电流方向交替改变，其变化频率由多谐振荡器的振荡频率决定。（ ）

160. M7475B 的电磁吸盘退磁的时候，通过 YH 的电流方向交替改变，其变化频率由给定电压决定。（ ）

四、故障分析与排除

（一）选择题

1. 下列故障原因中（ ）会造成直流电动机不能启动。
    A．电源电压过高   B．电源电压过低

第三章 中级维修电工鉴定指南

  C．电刷架位置不对　　　　　　　　D．励磁回路电阻过大
2．下列故障原因中（　　）会导致直流电动机不能启动。
  A．电源电压过高　　　　　　　　　B．电动机过载
  C．电刷架位置不对　　　　　　　　D．励磁回路电阻过大
3．下列故障原因中（　　）会导致直流电动机不能启动。
  A．电源电压过高　　　　　　　　　B．接线错误
  C．电刷架位置不对　　　　　　　　D．励磁回路电阻过大
4．下列故障原因中（　　）会导致直流电动机不能启动。
  A．电源电压过高　　　　　　　　　B．电刷接触不良
  C．电刷架位置不对　　　　　　　　D．励磁回路电阻过大
5．直流电动机转速不正常的故障原因主要有（　　）等。
  A．换向器表面有油污　　　　　　　B．接线错误
  C．无励磁电流　　　　　　　　　　D．电刷架位置不对
6．直流电动机转速不正常的故障原因主要有（　　）等。
  A．换向器表面有油污　　　　　　　B．接线错误
  C．无励磁电流　　　　　　　　　　D．励磁绕组接触不良
7．直流电动机转速不正常的故障原因主要有（　　）等。
  A．换向器表面有油污　　　　　　　B．接线错误
  C．无励磁电流　　　　　　　　　　D．励磁绕组有短路
8．直流电动机转速不正常的故障原因主要有（　　）等。
  A．换向器表面有油污　　　　　　　B．接线错误
  C．无励磁电流　　　　　　　　　　D．励磁回路电阻过大
9．直流电动机因由于换向器表面有油污导致电刷下火花过大时，应（　　）。
  A．更换电刷　　　　　　　　　　　B．重新精车
  C．清洁换向器表面　　　　　　　　D．对换向器进行研磨
10．直流电动机因由于换向器偏摆导致电刷下火花过大时，应用（　　）测量，偏摆过大时应重新精车。
  A．游标卡尺　　B．直尺　　　　C．千分尺　　D．水平仪
11．直流电动机因由于换向器片间云母凸出导致电刷下火花过大时，需刻下片间云母，并对换向器进行槽边（　　）。
  A．调整压力　　B．纠正位置　　C．倒角、研磨　　D．更换
12．直流电动机因电刷牌号不相符导致电刷下火花过大时，应更换（　　）的电刷。
  A．高于原规格　　B．低于原规格　　C．原牌号　　D．任意
13．直流电动机温升过高时，发现定子与转子相互摩擦，此时应检查（　　）。
  A．传动带是否过紧　　　　　　　　B．轴承是否磨损过大
  C．轴承与轴配合是否过松　　　　　D．电动机固定是否牢固
14．直流电动机温升过高时，发现定子与转子相互摩擦，此时应检查（　　）。
  A．传动带是否过紧　　　　　　　　B．磁极固定螺栓是否松脱

C. 轴承与轴配合是否过松　　　　　D. 电动机固定是否牢固
15. 直流电动机温升过高时，发现电枢绕组部分线圈接反，此时应（　　）。
    A. 进行绕组重绕　　　　　　　　B. 检查后纠正接线
    C. 更换电枢绕组　　　　　　　　D. 检查绕组绝缘
16. 直流电动机温升过高时，发现通风冷却不良，此时应检查（　　）。
    A. 启动、停止是否过于频繁　　　B. 风扇扇叶是否良好
    C. 绕组有无短路现象　　　　　　D. 换向器表面是否有油污
17. 直流电动机滚动轴承发热的主要原因有（　　）等。
    A. 润滑脂变质　B. 轴承变形　C. 电动机受潮　D. 电刷架位置不对
18. 直流电动机滚动轴承发热的主要原因有（　　）等。
    A. 轴承磨损过大　B. 轴承变形　C. 电动机受潮　D. 电刷架位置不对
19. 直流电动机滚动轴承发热的主要原因有（　　）等。
    A. 轴承与轴承室配合过松　　　　B. 轴承变形
    C. 电动机受潮　　　　　　　　　D. 电刷架位置不对
20. 直流电动机滚动轴承发热的主要原因有（　　）等。
    A. 传动带过紧　B. 轴承变形　C. 电动机受潮　D. 电刷架位置不对
21. 造成直流电动机漏电的主要原因有（　　）等。
    A. 电刷灰和其他灰尘堆积　　　　B. 并励绕组局部短路
    C. 转轴变形　　　　　　　　　　D. 电枢不平衡
22. 造成直流电动机漏电的主要原因有（　　）等。
    A. 引出线碰壳　　　　　　　　　B. 并励绕组局部短路
    C. 转轴变形　　　　　　　　　　D. 电枢不平衡
23. 造成直流电动机漏电的主要原因有（　　）等。
    A. 电动机受潮　　　　　　　　　B. 并励绕组局部短路
    C. 转轴变形　　　　　　　　　　D. 电枢不平衡
24. 造成直流电动机漏电的主要原因有（　　）等。
    A. 电动机绝缘老化　　　　　　　B. 并励绕组局部短路
    C. 转轴变形　　　　　　　　　　D. 电枢不平衡
25. 用试灯检查叠式绕组开路故障时，两片换向器上所接的线圈开路的症状是在两片换向器间（　　）。
    A. 高低不平　　　　　　　　　　B. 磨损很多
    C. 有烧毁的黑点　　　　　　　　D. 产生很大的环火
26. 用测量换向片间压降的方法检查叠式绕组开路故障时，毫伏表测得的换向片压降（　　），表示开路故障就在这里。
    A. 显著减小　　　　　　　　　　B. 显著增大
    C. 先减小后增大　　　　　　　　D. 先增大后减小
27. 检查波形绕组开路故障时，在四极电动机里，换向器上有（　　）烧毁的黑点。
    A. 两个　　　B. 三个　　　C. 四个　　　D. 五个

28. 检查波形绕组开路故障时，在六极电动机里，换向器上应有（　　）烧毁的黑点。
    A. 两个　　　　B. 三个　　　　C. 四个　　　　D. 五个
29. 检查波形绕组短路故障，对于四极电枢，当测量到一根短路线圈的两个线端中间的任何一根的时候，电压表上的读数大约等于（　　）。
    A. 最大值　　　　　　　　　　B. 正常的一半
    C. 正常的三分之一　　　　　　D. 零
30. 检查波形绕组短路故障时，对于六极电枢，当测量到一根短路线圈的两个线端中间的任何一根的时候，电压表上的读数大约等于（　　）。
    A. 最大值　　　　　　　　　　B. 正常的一半
    C. 正常的三分之一　　　　　　D. 零
31. 检查波形绕组短路故障时，在四极绕组里，测量换向器相对的两换向片时，若电压（　　），则表示这一只线圈短路。
    A. 很小或者等于零　　　　　　B. 正常的一半
    C. 正常的三分之一　　　　　　D. 很大
32. 检查波形绕组短路故障时，在六极电动机的电枢中，线圈两端是分接在相距（　　）的两片换向片上的。
    A. 二分之一　　B. 三分之一　　C. 四分之一　　D. 五分之一
33. 用测量换向片间压降的方法检查电枢绕组对地短路故障时，用毫伏表依次测量相邻两换向片的压降，邻近对地短路点的片间压降会（　　）。
    A. 方向相反　　B. 方向相同　　C. 为零　　　　D. 不确定
34. 测量换向片和轴间的压降时，若测到某一换向片，毫伏表读数（　　），则表明这个换向片或所连接的线圈可能对地短路。
    A. 很小或者为零　　　　　　　B. 为正常的二分之一
    C. 为正常的三分之一　　　　　D. 很大
35. 用试灯检查电枢绕组对地短路故障时，如果灯亮，说明电枢绕组或换向器（　　）。
    A. 对地短路　　B. 开路　　　　C. 接地　　　　D. 损坏
36. 用试灯检查电枢绕组对地短路故障时，因试验所用为交流电源，从安全考虑应采用（　　）电压。
    A. 36V　　　　B. 110V　　　　C. 220V　　　　D. 380V
37. 车修换向器表面时，每次切削深度为0.05～0.1mm，进给量在（　　）左右。
    A. 0.1mm　　　B. 0.15mm　　　C. 0.25mm　　　D. 0.3mm
38. 车修换向器表面时，切削速度为每秒（　　）。
    A. 0.5～1m　　B. 1～1.5m　　　C. 1.5～2m　　　D. 2～2.5m
39. 车修换向器表面时，加工后换向器与轴的同轴度不超过（　　）。
    A. 0.02～0.03mm　B. 0.03～0.35mm　C. 0.35～0.4mm　D. 0.4～0.45mm
40. 电刷、电刷架检修时，应检查电刷表面有无异状。把电刷清刷干净，将电刷从刷握中取出，在亮处照看其接触面。当镜面面积少于（　　）时，就需要研磨电刷。
    A. 50%　　　　B. 60%　　　　C. 70%　　　　D. 80%

41．电刷、电刷架检修时，研磨好的电刷与换向器的接触面应达（　　）以上。
　　　A．50%　　　　　B．60%　　　　　C．70%　　　　　D．80%
42．用弹簧秤测量电刷的压力时，一般电动机电刷的压力为（　　）。
　　　A．0.015～0.025MPa　　　　　　　B．0.025～0.035MPa
　　　C．0.035～0.04MPa　　　　　　　 D．0.04～0.045MPa
43．对于振动负荷或起重用电动机，电刷压力要比一般电动机增加（　　）。
　　　A．30%～40%　B．40%～50%　C．50%～70%　D．75%
44．用导板法拆卸轴承时，导块的内径比轴肩直径稍大（　　）。
　　　A．1mm　　　　B．2～3mm　　　C．3～4mm　　　D．5mm
45．采用敲打法安装滚动轴承时，管子的内径稍大于轴承内环内径（　　）。
　　　A．1～2mm　　B．2～5mm　　　C．5～6mm　　　D．7mm
46．采用热装法安装滚动轴承时，首先将轴承放在油锅里煮，油的温度保持在（　　）左右。
　　　A．50℃　　　　B．70℃　　　　　C．100℃　　　　D．120℃
47．采用热装法安装滚动轴承时，首先将轴承放在油锅里煮，轴承煮（　　）。
　　　A．2min　　　　B．3～5min　　　C．5～10min　　D．15min
48．确定电动机电刷中性线位置时，对于大中型电动机，试验电流从主磁极绕组通入，为额定励磁电流的（　　）。
　　　A．1%～3%　　B．3%～5%　　　C．5%～20%　　D．20%～30%
49．确定电动机电刷中性线位置时，对于大中型电动机，电压一般为（　　）。
　　　A．几伏　　　　B．十几伏　　　　C．几伏到十几伏　D．几十伏
50．测量额定电压500V以上的直流电动机的绝缘电阻时，应使用（　　）绝缘电阻表。
　　　A．500V　　　　B．1000V　　　　C．2500V　　　　D．3000V
51．伺服电动机使用时，当用晶闸管整流电源时，最好采用三相全波桥式电路。若选用其他形式整流电路时，应用良好的（　　）。
　　　A．整流装置　　B．滤波装置　　　C．保护装置　　　D．放大装置
52．直流伺服电动机旋转时有大的冲击，其原因如：测速发电机在（　　）时，输出电压的纹波峰值大于2%。
　　　A．550r/min　　B．750r/min　　　C．1000r/min　　D．1500r/min
53．直流伺服电动机旋转时有大的冲击，其原因如：测速发电机在1000r/min时，输出电压的纹波峰值大于（　　）。
　　　A．1%　　　　　B．2%　　　　　　C．5%　　　　　　D．10%
54．在无换向器电动机常见故障中，接触不良属于（　　）。
　　　A．误报警故障　　　　　　　　　　B．转子位置检测器故障
　　　C．电磁制动故障　　　　　　　　　D．接线故障
55．在无换向器电动机常见故障中，电动机失控属于（　　）。
　　　A．误报警故障　　　　　　　　　　B．转子位置检测器故障
　　　C．电磁制动故障　　　　　　　　　D．接线故障

56. 在无换向器电动机常见故障中，出现得电松不开，失电不制动现象，这种现象属于（　　）。
   A．误报警故障　　　　　　　　　B．转子位置检测器故障
   C．电磁制动故障　　　　　　　　D．接线故障

57. 在无换向器电动机常见故障中，出现了电动机进给有振动现象，这种现象属于（　　）。
   A．误报警故障　　　　　　　　　B．转子位置检测器故障
   C．电磁制动故障　　　　　　　　D．接线故障

58. 电磁调速电动机，在长期停运再使用前应检查绝缘电阻，特别是控制器，其阻值不应低于（　　），否则需干燥处理。
   A．0.5MΩ　　　B．1MΩ　　　C．5MΩ　　　D．10MΩ

59. 电磁调速电动机校验和试车时，应正确接线，如是脉冲测速发电机可接（　　）。
   A．U、V、W　　B．U、W、V　　C．V、W、U　　D．V、U、W

60. 电磁调速电动机校验和试车时，调节调速电位器，使输出轴转速逐渐增加到最高转速。若无不正常现象，连续空载（　　），试车完毕。
   A．0.5～1h　　B．1～2h　　C．2～3h　　D．3～5h

61. 电磁调速电动机校验和试车时，拖动电动机一般可以全压启动，如果电源容量不足，可采用（　　）作减压启动。
   A．串电阻　　　B．星—三角　　　C．自耦变压器　　　D．延边三角形

62. 交磁电机扩大机装配前检查换向器时，换向器与轴承挡的同轴度允差值应小于（　　）。
   A．0.03mm　　B．0.05mm　　C．0.09mm　　D．0.12mm

63. 交磁电机扩大机装配前检查换向器时，换向器与轴承挡的同轴度允差值应小于0.03mm，在旋转过程中，偏摆应小于（　　）。
   A．0.03mm　　B．0.05mm　　C．0.09mm　　D．0.12mm

64. 交磁电机扩大机安装电刷时，电刷在刷握中不应卡住，但也不能过松，其间隙一般为（　　）。
   A．0.1mm　　　B．0.3mm　　　C．0.5mm　　　D．1mm

65. 交磁电机扩大机在运转前应空载研磨电刷接触面，使磨合部分（镜面）达到电刷整个工作面80%以上时为止，通常需空转（　　）。
   A．0.5～1h　　B．1～2h　　C．2～3h　　D．4h

66. 用于自动调速系统中的电机扩大机，其负载是某种电动机的直流励磁绕组时，随着电机扩大机输出电压 U_d 的降低，其负载电流亦随之（　　）。
   A．增大　　　B．减小　　　C．先增大后减小　　D．先减小后增大

67. 用于自动调速系统中的电机扩大机，其负载是作为执行机构的各种直流电动机时，在低压时电机扩大机的电流都将（　　）。
   A．增大　　　B．减小　　　C．先增大后减小　　D．先减小后增大

68. 交磁电机扩大机补偿程度的调节时，对于负载是励磁绕组欠补偿程度时，可以调得稍欠一些，一般其外特性为全补偿特性的（　　）。
   A．75%～85%　　B．85%～95%　　C．95%～99%　　D．100%

69. 交磁电机扩大机补偿程度的调节时，对于负载为直流电机时，其欠补偿程度应欠得多一些，常为全补偿特性的（　　）。
　　A．75%　　　　B．80%　　　　C．90%　　　　D．100%
70. 造成交磁电机扩大机空载电压很低或没有输出的主要原因有（　　）。
　　A．助磁绕组断开　　　　　　　　B．换向绕组短路
　　C．补偿绕组过补偿　　　　　　　D．换向绕组接反
71. 造成交磁电机扩大机空载电压很低或没有输出的主要原因有（　　）。
　　A．电枢绕组短路　　　　　　　　B．换向绕组短路
　　C．补偿绕组过补偿　　　　　　　D．换向绕组接反
72. 造成交磁电机扩大机空载电压很低或没有输出的主要原因有（　　）。
　　A．电枢绕组开路　　　　　　　　B．换向绕组短路
　　C．补偿绕组过补偿　　　　　　　D．换向绕组接反
73. 造成交磁电机扩大机空载电压很低或没有输出的主要原因有（　　）。
　　A．控制绕组断路　　　　　　　　B．换向绕组短路
　　C．补偿绕组过补偿　　　　　　　D．换向绕组接反
74. X6132型万能铣床的全部电动机都不能启动，可能是由于（　　）造成的。
　　A．停止按钮常闭触点短路　　　　B．SQ_7常开触点接触不良
　　C．热继电器$FR_1 \sim FR_3$跳开未复位　　D．电磁离合器YC_1无直流电压
75. X6132型万能铣床的全部电动机都不能启动，可能是由于（　　）造成的。
　　A．停止按钮常闭触点短路　　　　B．SQ_7常开触点接触不良
　　C．换刀制动开关SA_2不在正确位置　　D．电磁离合器YC_1无直流电压
76. X6132型万能铣床的全部电动机都不能启动，可能是由于（　　）造成的。
　　A．停止按钮常闭触点短路　　　　B．SQ_7常开触点接触不良
　　C．控制变压器TC的输出电压不正常　　D．电磁离合器YC_1无直流电压
77. X6132型万能铣床的全部电动机都不能启动，可能是由于（　　）造成的。
　　A．停止按钮常闭触点短路　　　　B．SQ_7常开触点接触不良
　　C．SQ_7常闭触点接触不良　　　　D．电磁离合器YC_1无直流电压
78. X6132型万能铣床主轴停车时没有制动，首先检查主轴电磁离合器YC_1两端是否有直流（　　）电压。
　　A．12V　　　　B．24V　　　　C．36V　　　　D．127V
79. X6132型万能铣床主轴停车时没有制动，若主轴电磁离合器YC_1两端无直流电压，则检查熔断器（　　）是否熔断。
　　A．FU_1　　　　B．FU_3　　　　C．FU_4　　　　D．FU_5
80. X6132型万能铣床主轴停车时没有制动，若主轴电磁离合器YC_1两端无直流电压，则检查接触器（　　）的常闭触点是否接触良好。
　　A．KM_1　　　　B．KM_2　　　　C．KM_3　　　　D．KM_4
81. X6132型万能铣床主轴停车时没有制动，若主轴电磁离合器YC_1两端直流电压低，则可能因（　　）线圈内部有局部短路。

A．YC$_1$ B．YC$_2$ C．YC$_3$ D．YC$_4$

82．当 X6132 型万能铣床主轴电动机已启动，而进给电动机不能启动时，首先检查接触器 KM$_3$ 或（   ）是否吸合。

A．KM$_1$ B．KM$_2$ C．KM$_3$ D．KM$_4$

83．当 X6132 型万能铣床主轴电动机已启动，而进给电动机不能启动时，接触器 KM$_3$ 或 KM$_4$ 已吸合，进给电动机还不转，则应检查（   ）。

A．转换开关 SA$_1$ 是否有接触不良现象   B．接触器的联锁辅助触点是否接触不良
C．限位开关的触点接触是否良好   D．电动机 M$_3$ 的进线端电压是否正常

84．当 X6132 型万能铣床主轴电动机已启动，而进给电动机不能启动时，接触器 KM$_3$ 或 KM$_4$ 不能吸合，则应检查（   ）。

A．接触器 KM$_3$、KM$_4$ 线圈是否断线

B．电动机 M$_3$ 的进线端电压是否正常

C．熔断器 FU$_2$ 是否熔断

D．接触器 KM$_3$、KM$_4$ 的主触点是否接触不良

85．当 X6132 型万能铣床工作台不能快速进给，检查接触器（   ）是否吸合。

A．KM$_1$ B．KM$_2$ C．KM$_3$ D．KM$_4$

86．当 X6132 型万能铣床工作台不能快速进给，检查接触器 KM$_2$ 是否吸合，如果已吸合，则应检查（   ）。

A．KM$_2$ 的线圈是否断线   B．KM$_2$ 的主触点是否接触不良
C．快速按钮 SB$_5$ 的触点是否接触不良   D．快速按钮 SB$_6$ 的触点是否接触不良

87．当 X6132 型万能铣床工作台不能快速进给，检查接触器 KM$_2$ 是否吸合，如果已吸合，则应检查（   ）。

A．KM$_2$ 的线圈是否断线   B．电磁铁 YC$_3$ 线圈是否断路
C．快速按钮 SB$_5$ 的触点是否接触不良   D．快速按钮 SB$_6$ 的触点是否接触不良

88．当 X6132 型万能铣床工作台不能快速进给，检查接触器 KM$_2$ 是否吸合，如果已吸合，则应检查（   ）。

A．KM$_2$ 的线圈是否断线   B．离合器摩擦片
C．快速按钮 SB$_5$ 的触点是否接触不良   D．快速按钮 SB$_6$ 的触点是否接触不良

89．MGB1420 型磨床电气故障检修时，如果液压泵电动机转动，冷却泵电动机不转，应检查开关（   ）是否接通。

A．QS$_1$ B．QS$_2$ C．QS$_3$ D．QS$_4$

90．MGB1420 型磨床电气故障检修时，如果冷却泵电动机输入端电压不正常，则可能是（   ）接触不良，可进一步检查、修理。

A．QS$_1$ B．QS$_2$ C．QS$_3$ D．QS$_4$

91．MGB1420 型磨床电气故障检修时，如果液压泵、冷却泵都不转动，则应检查熔断器 FU$_1$ 是否熔断，再看接触器（   ）是否吸合。

A．KM$_1$ B．KM$_2$ C．KM$_3$ D．KM$_4$

92．MGB1420 型磨床控制回路电气故障检修时，中间继电器 KA$_2$ 不吸合，可能是压力

继电器（　　）接触不良。

  A．KP   B．KA   C．KT   D．TA

93．MGB1420型磨床控制回路电气故障检修时，中间继电器KA_2不吸合，可能是开关（　　）接触不良或已损坏。

  A．SA_1 B．SA_2 C．SA_3 D．SA_4

94．MGB1420型磨床控制回路电气故障检修时，自动循环磨削加工时不能自动停机，可能是行程开关（　　）接触不良。

  A．SQ_1 B．SQ_2 C．SQ_3 D．SQ_4

95．MGB1420型磨床控制回路电气故障检修时，自动循环磨削加工时不能自动停机，可能是时间继电器（　　）已损坏，可进行修复或更换。

  A．KA   B．KT   C．KM   D．SQ

96．MGB1420型磨床工件无级变速直流拖动系统故障检修时，稳压管的稳定电压不能太低，一般稳压范围在（　　）之间。

  A．6～9V   B．9～12V   C．12～24V   D．24～36V

97．MGB1420型磨床工件无级变速直流拖动系统故障检修时，梯形波的斜率将影响移相范围大小。斜率小，梯形波不好，移相范围小，一般是由于电源低造成的，正常时一般为（　　）左右。

  A．6～9V   B．9～12V   C．12～24V   D．40～80V

98．MGB1420型磨床工件无级变速直流拖动系统故障检修时，在观察稳压管的波形的同时，要注测量稳压管的电流是否在规定的稳压电流范围内。如过大或过小应调整（　　）的阻值，使稳压管工作在稳压范围内。

  A．R_1 B．R_2 C．R_3 D．R_4

99．MGB1420型磨床工件无级变速直流拖动系统故障检修时，观察C_3两端的电压u_c的波形。如无锯齿波电压，可通过电位器（　　）调节输入控制信号的电压。

  A．RP_1 B．RP_2 C．RP_3 D．RP_4

100．用万用表测量元件阳极和阴极之间的正反向阻值时，原则上（　　）。

  A．越大越好   B．越小越好   C．中值最好   D．无要求

101．用万用表测量元件阳极和阴极之间的正反向阻值时，优质元件在兆欧数量级，少则（　　）。

  A．几十欧以上   B．几百欧以上   C．几千欧以上   D．几百千欧以上

102．用万用表测量测量控制极和阴极之间正向阻值时，一般反向电阻比正向电阻大，正向几十欧姆以下，反向（　　）以上。

  A．数十欧姆以上   B．数百欧姆以上   C．数千欧姆以上   D．数十千欧姆以上

103．晶闸管调速电路常见故障中，工件电动机不转，可能是（　　）。

  A．三极管V_{35}漏电流过大   B．三极管V_{37}漏电流过大
  C．电流截止负反馈过强   D．三极管已经击穿

104．晶闸管调速电路常见故障中，工件电动机不转，可能是（　　）。

  A．三极管V_{35}漏电流过大   B．三极管V_{37}漏电流过大

C．触发电路没有触发脉冲输出　　　　D．三极管已经击穿

105．晶闸管调速电路常见故障中，工件电动机不转，可能是（　　）。
   A．三极管 V_{35} 漏电流过大　　　　B．三极管 V_{37} 漏电流过大
   C．熔断器 FU_6 熔丝熔断　　　　　　D．三极管已经击穿

106．晶闸管调速电路常见故障中，未加信号电压，电动机 M 可旋转，可能是（　　）。
   A．熔断器 FU_6 熔丝熔断　　　　　　B．触发电路没有触发脉冲输出
   C．电流截止负反馈过强　　　　　　　D．三极管 V_{35} 或 V_{37} 漏电流过大

107．在测量额定电压为 500V 以下的线圈的绝缘电阻时，应选用额定电压为（　　）的兆欧表。
   A．500V　　　　B．1000V　　　　C．2500V　　　　D．2500V 以上

108．在测量额定电压为 500V 以上的线圈的绝缘电阻时，应选用额定电压为（　　）的兆欧表。
   A．500V　　　　B．1000V　　　　C．2500V　　　　D．2500V 以上

109．在测量额定电压为 500V 以上的电气设备的绝缘电阻时，应选用额定电压为（　　）的兆欧表。
   A．500V　　　　B．1000V　　　　C．2500V　　　　D．2500V 以上

110．兆欧表测量时，要把被测绝缘电阻接在（　　）之间。
   A．“L”和"E"　　　　　　　　　　　B．“L”和"G"
   C．“G”和"E"　　　　　　　　　　　D．“G”和"L"

111．钳形电流表按结构原理不同，可分为（　　）和电磁式两种。
   A．磁电式　　　B．互感器式　　　C．电动式　　　D．感应式

112．钳形电流表按结构原理不同，可分为互感器式和（　　）两种。
   A．磁电式　　　B．电磁式　　　　C．电动式　　　D．感应式

113．钳形电流表每次测量只能钳入（　　）导线。
   A．一根　　　　B．两根　　　　　C．三根　　　　D．四根

114．钳形电流表每次测量只能钳入一根导线，并将导线置于钳口（　　），以提高测量准确性。
   A．上部　　　　B．下部　　　　　C．中央　　　　D．任意位置

115．使用数字式万用表测低阻值电阻前应该（　　）。
   A．机械调零　　　　　　　　　　　B．电气调零
   C．表笔短接后记下显示的数据　　　D．直接测量

116．使用数字式万用表测 500V 直流电压时，表的内阻约为（　　）欧姆。
   A．1K　　　　　B．10K　　　　　C．100K　　　　D．10M

117．使用数字式万用表测量二极管时，应使用的量程是（　　）。
   A．×1K　　　　B．×10K　　　　C．20K　　　　　D．专用量程

118．使用数字式万用表测量三极管时，应使用的量程是（　　）。
   A．×1K　　　　B．×10K　　　　C．20K　　　　　D．专用量程

119．用单相功率表扩大量程测量有功功率时，当负载功率超过功率表的量程时，可通过

使用（　　）来扩大量程。

A．电压互感器　　　　　　　　　B．电流互感器
C．并联分流电阻　　　　　　　　D．串联附加电阻

120．三相两元件功率表常用于高压线路功率的测量，采用（　　）和电流互感器以扩大量程。

A．电压互感器　　B．电流互感器　　C．并联分流电阻　D．串联附加电阻

121．在对称三相电路中，可采用一只单相功率表测量三相无功功率，其实际三相功率应是测量值乘以（　　）。

A．2　　　　　　B．3　　　　　　C．4　　　　　　D．5

122．用示波器进行直流电压的测量时，应将"Y轴灵敏度"旋钮的微调顺时针旋到底，置于（　　）位置。

A．"通道1"　　　B．"手动"　　　C．"自动"　　　D．"校准"

123．用示波器测量电压的误差比较大，一般为（　　）。

A．1%　　　　　B．2%　　　　　C．5%　　　　　D．7%

124．用示波器测量脉冲信号时，在测量脉冲上升时间和下降时间时，根据定义应从脉冲幅度的（　　）和90%处作为起始和终止的基准点。

A．2%　　　　　B．3%　　　　　C．5%　　　　　D．10%

125．直流单臂电桥适用于测量阻值为（　　）的电阻。

A．0.1Ω～1MΩ　B．1Ω～1MΩ　C．10Ω～1MΩ　D．100Ω～1MΩ

126．单臂电桥测量时，读数值应该是在（　　）以后，指针平稳指零时的读数值。

A．先按下B，后按下GA　　　　　B．先按下G，后按下B
C．同时按下B、G　　　　　　　　D．任意按下B、G

127．单臂电桥测量时，当检流计指零时，用比例臂电阻值（　　）比例臂的倍率，就是被测电阻的阻值。

A．加　　　　　B．减　　　　　C．乘以　　　　D．除以

128．直流双臂电桥适用于测量（　　）的电阻。

A．0.1Ω以下　　B．1Ω以下　　C．10Ω以下　　D．100Ω以下

129．JT-1型晶体管图示仪有（　　）极性开关。

A．1个　　　　　B．2个　　　　　C．3个　　　　　D．4个

130．晶体管图示仪在使用时，应合理选择峰值电压范围开关挡位。测量前，应先将峰值电压调节旋钮调到（　　），测量时逐渐调大，直至调到曲线出现击穿为止。

A．零位　　　　B．中间位置　　　C．最大　　　　D．任意位置

131．为了使图示仪的坐标尺度准确地反映电压或电流值，全机设有3个校正开关。按一个校正开关，屏幕上光点移动（　　）就算校正正确。

A．2格　　　　　B．5格　　　　　C．10格　　　　D．20格

132．晶体管图示仪的S_2开关在正常测量时，一般置于（　　）位置。

A．零　　　　　B．中间　　　　C．最大　　　　D．任意

133．直流电动机的定子由机座、主磁极、（　　）及电刷装置等部件组成。

A．换向极 B．电枢铁心 C．换向器 D．电枢绕组

134．直流电动机的转子由电枢铁心、电枢绕组及（　　）等部件组成。

A．机座 B．主磁极 C．换向器 D．换向极

135．直流电动机的电枢绕组中，（　　）的特点是绕组元件的首端和尾端分别接到相邻的两片换向片上。

A．单叠绕组 B．单波绕组 C．复叠绕组 D．复波绕组

136．直流电动机的电枢绕组中，（　　）的特点是绕组元件两端分别接到相隔较远的两个换向片上。

A．单叠绕组 B．单波绕组 C．复叠绕组 D．复波绕组

137．直流电动机的电枢绕组的绕组元件数 S 和换向片数 K 的关系是（　　）。

A．S=K B．S<K C．S>K D．S≥K

138．直流电动机的单波绕组中，要求两只相连接的元件边相距约为（　　）极距。

A．一倍 B．两倍 C．三倍 D．五倍

139．测速发电机是一种将（　　）转换为电气信号的机电式信号元件。

A．输入电压 B．输出电压 C．转子速度 D．电磁转矩

140．直流测速发电机的结构与一般直流伺服电动机没有区别，也由铁心、绕组和换向器组成，一般为（　　）。

A．两极 B．四极 C．六极 D．八极

141．测速发电机可做测速元件，用于这种用途的可以是（　　）精度等级的直流或交流测速发电机。

A．任意 B．比较高 C．最高 D．最低

142．测速发电机可做校正元件。对于这类用途的测速发电机，可选用直流或异步测速发电机，其精度要求（　　）。

A．任意 B．比较高 C．最高 D．最低

143．测速发电机可以作为（　　）。

A．电压元件 B．功率元件 C．测速元件 D．电流元件

144．测速发电机可以作为（　　）。

A．电压元件 B．功率元件 C．校正元件 D．电流元件

145．测速发电机可以作为（　　）。

A．电压元件 B．功率元件 C．解算元件 D．电流元件

146．在单相半波可控整流电路中，α 越大，输出 U_d（　　）。

A．越大 B．越小 C．不变 D．不一定

147．在单相半波可控整流电路中，电感 Ld 电感量越大，电流在负半波流动的时间（　　）。

A．越短 B．越长 C．不变 D．变化不定

148．驱动继电器线圈时总是在电路输出端并联一个（　　）二极管。

A．整流 B．稳压 C．续流 D．普通

149．单相桥式全控整流电路的优点是（　　），不需要带中间抽头的变压器，且输出电压脉动小。

A．减少了晶闸管的数量　　　　　　B．降低了成本
C．提高了变压器的利用率　　　　　D．不需要维护

150．单相桥式全控整流电路的优点是提高了变压器的利用率，不需要带中间抽头的变压器，且（　　）。

A．减少了晶闸管的数量　　　　　　B．降低了成本
C．输出电压脉动小　　　　　　　　D．不需要维护

151．在单相桥式全控整流电路中，当控制角 α 增大时，平均输出电压 U_d（　　）。

A．增大　　　B．下降　　　C．不变　　　D．无明显变化

152．使用普通晶闸管作交流调压时，必须使用两个晶闸管（　　）。

A．正向并联　　B．反向并联　　C．正向串联　　D．反向串联

153．在交流调压电路中，多采用（　　）作为可控元件。

A．普通晶闸管　　　　　　　　B．双向晶闸管
C．大功率晶闸管　　　　　　　D．单结晶体管

154．双向晶闸管具有（　　）层结构。

A．3　　　B．4　　　C．5　　　D．6

155．由于双向晶闸管需要（　　）触发电路，因此使电路大为简化。

A．一个　　　B．两个　　　C．三个　　　D．四个

156．晶闸管过电流保护方法中，最常用的是保护（　　）。

A．瓷插熔断器　　　　　　　　B．有填料熔断器
C．无填料熔断器　　　　　　　D．快速熔断器

157．快速熔断器采用（　　）熔丝，其熔断时间比普通熔丝短得多。

A．铜质　　　B．银质　　　C．铅质　　　D．锡质

158．快速熔断器的额定电流指的是（　　）。

A．有效值　　　B．最大值　　　C．平均值　　　D．瞬时值

159．用快速熔断器时，一般按（　　）来选择。

A．电流法　　　B．电流电压法　　　C．电压法　　　D．电阻法

（二）判断题

1．电动机轴承损坏或内部被异物卡死，需清洗或更换电动机轴承或检修、清理电动机。　　　　　　　　　　　　　　　　　　　　　　　　　（　　）
2．若因电动机过载导致直流电动机不能启动时，应将负载降到额定值。（　　）
3．换相极绕组短路会造成直流电动机转速不正常。　　　　　　　　（　　）
4．直流电动机转速不正常的故障原因主要有励磁回路电阻过大等。　（　　）
5．电刷不在中心线上时，需将刷杆调整到原有记号位置上。　　　　（　　）
6．电刷不在中心线上时，可用感应法确定中心线位置，再微调电刷位置至火花最小。　　　　　　　　　　　　　　　　　　　　　　　　　　　　　（　　）
7．风道堵塞不畅会造成通风冷却不良，从而引起直流电动机温升过高。（　　）
8．''短时''运行方式的电动机不能长期运行。　　　　　　　　　　（　　）

第三章 中级维修电工鉴定指南

9．轴承室内润滑脂加得过多会导致直流电动机滚动轴承发热，一般应适量加入润滑脂（一般为轴承室容积的 1/3～2/3）。（　　）

10．轴承室内润滑脂加得过多会导致直流电动机滚动轴承发热，一般应适量加入润滑脂（一般为轴承室容积的 1/5～1/3）。（　　）

11．电动机受潮，绝缘电阻下降，应拆除绕组，更换绝缘。（　　）

12．电动机受潮，绝缘电阻下降，可进行烘干处理。（　　）

13．若用测量换向片压降的方法来检查波形绕组开路故障时，当测量到开路的线圈时，毫伏表或是没有读数，或是指示数显著增大。（　　）

14．若用测量换向片压降的方法来检查波形绕组开路故障时，当测量到开路的线圈时，毫伏表或是没有读数，或是指示数显著减小。（　　）

15．在波型绕组的电枢上有短路线圈时，会同时有几个地方发热。电动机的极数越多，发热的地方就越多。（　　）

16．在波型绕组的电枢上有短路线圈时，会同时有几个地方发热。电动机的极数越多，发热的地方就越少。（　　）

17．用试灯检查电枢绕组对地短路故障时，因试验所用为交流电源，若必须采用高电压时，应采用隔离变压器，并且要特别注意安全。（　　）

18．用试灯检查电枢绕组对地短路故障时，因试验所用为直流电源，若必须采用高电压时，应采用隔离变压器，并且要特别注意安全。（　　）

19．换向器车好后，云母或塑料绝缘必须与换向器表面平齐。为此，把转子用挖削工具把云母片或塑料绝缘物下刻 1～2mm。刻好后的云母槽必须和换向片成直角，侧面不应留有绝缘物。（　　）

20．换向器车好后，云母或塑料绝缘必须与换向器表面垂直。为此，把转子用挖削工具把云母片或塑料绝缘物下刻 1～2mm。刻好后的云母槽必须和换向片成直角，侧面不应留有绝缘物。（　　）

21．电刷的压力可用刷握上的弹簧来调整，各电刷压力之差不应超过±10%。（　　）

22．整台电动机一次更换半数以上的电刷之后，最好先空载或轻载运行 6h，使电刷有较好的配合后再满载运行。（　　）

23．拆卸滚动轴承的方法一般有敲打法、钩抓法等。（　　）

24．安装滚动轴承的方法一般有敲打法、钩抓法等。（　　）

25．移动电动机刷架时，应垫塞木块，必要时可用工具直接敲击刷架。（　　）

26．确定电动机电刷中性线位置时对小型电机，可在电枢上加上试验电压测量励磁绕组的感应电压。（　　）

27．直流伺服电动机线圈不正常或内部短路，会造成电动机低速旋转时有大的纹波。（　　）

28．当切削液进入电刷时，会造成直流伺服电动机运转时噪声大。（　　）

29．采用霍尔元件换向的电动机，应注意开关的出线顺序不能搞错。（　　）

30．永磁转子拆出后要注意退磁，同时注意不能吸上铁屑等杂物。（　　）

31．电磁调速电动机励磁电流失控时，应调整离合器气隙的偏心度，使气隙大小均匀

一致。（　　）

32．晶闸管触发移相环节中的晶体管或其他元件损坏会导致电动机"飞车"。可用万用表检测，找出故障原因。（　　）

33．复查及调整交磁电机扩大机的电刷中心线位置时，通常使用交流法进行校正。（　　）

34．复查及调整交磁电机扩大机的电刷中心线位置时，通常使用感应法进行校正。（　　）

35．电机扩大机总是按欠补偿时调整的，故其比值总是小于1。（　　）

36．电机扩大机总是按欠补偿时调整的，故其比值总是大于1。（　　）

37．如果负载加上时电压下降至空载电压的50%左右，且电机有吱吱声，换向器与电刷间火花较大，则可能是换向绕组接反。（　　）

38．如果负载加上时电压下降至空载电压的50%左右，且电机有吱吱声，换向器与电刷间火花较大，则可能是有部分电枢绕组短路。（　　）

39．由于各种原因所引起的电动机电源缺相，也会引起电动机不转，可检查原因并将其排除。（　　）

40．X6132型万能铣床的全部电动机都不能启动时，如果控制变压器TC无输入电压，可检查电源开关SQ触点是否接触好。（　　）

41．X6132型万能铣床主轴停车时没有制动，如果主轴电磁离合器两端直流电压低，可能是直流电源整流桥路中有一臂开路而成为半波整流。（　　）

42．X6132型万能铣床主轴停车时没有制动，如果主轴电磁离合器两端直流电压低，可能是直流电源整流桥路中有一臂开路而成为全波整流。（　　）

43．当X6132型万能铣床主轴电动机已启动，而进给电动机不能启动时，接触器KM_3或KM_4不能吸合，则可能是圆工作台转换开关SA_1接触不良造成的。（　　）

44．当X6132型万能铣床主轴电动机已启动，而进给电动机不能启动时，接触器KM_3或KM_4不能吸合，则可能是限位开关SQ_3触点接触不良造成的。（　　）

45．当X6132型万能铣床工作台不能快速进给时，经检查KM_2已吸合，则应检查KM_1的主触点是否接触不良。（　　）

46．当X6132型万能铣床工作台不能快速进给时，经检查KM_2已吸合，则应检查KM_3的主触点是否接触不良。（　　）

47．MGB1420型磨床电气故障检修时，如果KM_2不能吸合，应检查电源电压、控制电压是否正常，检查热继电器$FR_1 \sim FR_4$是否跳开未复位，触点是否有接触不良现象。（　　）

48．MGB1420型磨床电气故障检修时，如果KM_3不能吸合，应检查电源电压、控制电压是否正常，检查热继电器$FR_1 \sim FR_4$是否跳开未复位，触点是否有接触不良现象。（　　）

49．MGB1420型磨床控制回路电气故障检修时，自动循环磨削加工时不能自动停机，可能是电磁阀YV线圈烧坏，应更换线圈。（　　）

50．MGB1420型磨床控制回路电气故障检修时，自动循环磨削加工时不能自动停机，可能是电磁阀YF线圈烧坏，应更换线圈。（　　）

51．MGB1420型磨床工件无级变速直流拖动系统故障检修时，锯齿波随控制信号电压

改变而均匀改变,其移相范围应在 150°左右。 (　　)

52．MGB1420 型磨床工件无级变速直流拖动系统故障检修时,锯齿波随控制信号电压改变而均匀改变,其移相范围应在 120°左右。 (　　)

53．晶闸管性能与温度有较大的关系,所以冷态和热态测得的参数相差较大。 (　　)

54．晶闸管性能与温度有较大的关系,为得出正确结果,可将晶闸管放在恒温箱内加热到 60℃～80℃（不得超过 100℃）后,再测量阳极和阴极之间的正反向电阻。 (　　)

55．晶闸管调速电路常见故障中,电动机 M 的转速调不上去,可能是三极管 V_{35}、V_{37} 击穿。 (　　)

56．晶闸管调速电路常见故障中,电动机 M 的转速调不下来,可能是给定信号的电压不够。 (　　)

57．测量高压设备的绝缘电阻时,必须选用电压等级高的兆欧表,也可以用电压高的兆欧表测量低电压电气设备的绝缘电阻,以提高测量精度。 (　　)

58．兆欧表使用时其转速不能超过 120r/min。 (　　)

59．钳形电流表测量时应选择合适的量程,不能用小量程去测量大电流。 (　　)

60．钳形电流表测量结束后,应将量程开关扳到最大测量挡位置,以便下次安全使用。 (　　)

61．测量电路中的电阻值时,应将被测电路的电源切断,如果电路中有电容器,应先放电后才能测量。切勿在电路带电的情况下测量电阻。 (　　)

62．使用 1000V 量程测量交直流高电压时,应将一测试笔固定接在电路的地电位上,另一表笔去接触被测高压电源,测试过程中应严格按照高压操作规程执行。 (　　)

63．使用三只功率表测量,当出现表针反偏现象时,只要将该相电流线圈反接即可。 (　　)

64．使用三只功率表测量,当出现表针反偏现象时,可继续测量不会对测量结果产生影响。 (　　)

65．使用双踪示波器可以直接观测两路信号间的时间差值,一般情况下,被测信号频率较高时采用断续方式。 (　　)

66．使用双踪示波器可以直接观测两路信号间的时间差值,一般情况下,被测信号频率较低时采用交替方式。 (　　)

67．交流电桥的使用,要求电源电压波动幅度不大于±5%。 (　　)

68．交流电桥的使用,要求电源电压波动幅度不大于±10%。 (　　)

69．晶体管图示仪使用时,被测晶体管接入测试台之前,应先将峰值电压调节旋钮逆时针旋至零位,将基极阶梯信号选择开关调到最小。 (　　)

70．晶体管图示仪使用时,被测晶体管接入测试台之前,应先将峰值电压调节旋钮逆时针旋至零位,将基极阶梯信号选择开关调到最大。 (　　)

71．为减少涡流损耗,直流电动机的磁极铁心通常用 1～2mm 薄钢板冲制叠压后,用铆钉铆紧制成。 (　　)

72．直流电动机换向极的结构与主磁极相似。 (　　)

73．为了得到最大的支路感应电动势,要求互相串联的元件的感应电动势方向相同,能

相互叠加。（ ）

74. 为了得到最大的支路感应电动势，要求互相并联的元件的感应电动势方向相同，能相互叠加。（ ）

75. 直流测速发电机，按励磁方式可分为永磁式和电磁式。（ ）

76. 直流测速发电机，按电枢结构可分为普通有槽电枢、无槽电枢、空心电枢和圆盘式印制绕组电枢。（ ）

77. 在自动控制系统中，使被调量偏离给定值的因素称为扰动。（ ）

78. 同步测速发电机可分为永磁式、感应式和脉冲式三种。（ ）

79. 在单相半波可控整流电路中，调节触发信号加到控制极上的时刻，改变控制角的大小，就实现了控制输出直流电压的大小。（ ）

80. 在单相半波可控整流电路中，调节触发信号加到控制极上的时刻，改变控制角的大小，无法控制输出直流电压的大小。（ ）

81. 单相桥式全控整流电路，如果作为不采用逆变的一般整流工作时，可以只用两个晶闸管，另外两个晶闸管则用续流二极管替代。（ ）

82. 单相桥式全控整流电路，如果作为可逆变的一般整流工作时，可以只用两个晶闸管，另外两个晶闸管则用续流二极管替代。（ ）

83. 普通晶闸管的额定电流是指有效值。（ ）

84. 双向晶闸管的额定电流是指正弦半波平均值。（ ）

85. 过电流保护的作用是，一旦有大电流产生威胁晶闸管时，能在允许时间内快速地将过电流切断，以防晶闸管损坏。（ ）

86. 过电压保护的作用是，一旦有大电流产生威胁晶闸管时，能在允许时间内快速地将过电流切断，以防晶闸管损坏。（ ）

第三节　操作技能试题

一、安装与调试

1. 安装和调试并励直流电动机电枢回路串电阻二级启动控制电路。时间180分钟。
2. 安装和调试并励直流电动机能耗制动控制电路。时间180分钟。
3. 安装和调试双速交流异步电动机自动变速控制电路。时间180分钟。
4. 安装和调试绕线式交流异步电动机自动启动控制电路。时间180分钟。
5. 安装和调试断电延时带直流能耗制动的Y-△启动的控制电路。时间180分钟。
6. 安装和调试三相异步电动机双重联锁正反转启动能耗制动的控制电路。时间180分钟。
7. 按图安装C6163B车床的电气控制线路。时间180分钟。
8. 根据X62W万能铣床电路图，安装与调试主轴控制和快速进给控制线路零压保护，并试车。时间180分钟。
9. 根据电路图安装与调试M7475B磨床零压保护，磨头启动控制线路，并试车。时间180分钟。

10. 根据电路图安装与调试 Z37 摇臂钻床主轴启动与摇臂升降控制线路，并试车。时间 180 分钟。

11. 根据电路图安装与调试 T68 型镗床主轴箱升降、工作台纵向进退控制线路，并试车。时间 180 分钟。

12. 根据电路图安装与调试 20/5 吨交流桥式起重机主钩定子和主钩转子控制电路。时间 180 分钟。

13. 设计一个两地启动、停止，用时间继电器自动控制的双速异步电动机继电接触式电路图，并按图进行安装与调试。时间 180 分钟。

14. 设计一个两地控制三速异步电动机拖动自动变速电路图，并按图进行安装与调试。时间 180 分钟。

15. 设计一个绕线式异步电动机启动、机械制动继电-接触式电路图，并按图进行安装调试。时间 180 分钟。

16. 设计一台并励直流电动机能耗制动线路，并按电路图进行安装与调试。时间 180 分钟。

17. 设计一台并励直流电动机用电枢反接法正反转控制线路，并按电路图进行安装。时间 180 分钟。

18. 安装和调试集成运放与晶体管组成的功率放大器电路。时间 180 分钟。

19. 安装和调试逻辑测试电路。时间 180 分钟。

20. 安装和调试晶闸管调光电路。时间 180 分钟。

二、故障分析与排除

1. 检修 Z35 摇臂钻床电气线路故障。时间 45 分钟。
2. 检修 X62W 万能铣床电气线路故障。时间 45 分钟。
3. 检修 T68 镗床电气线路故障。时间 45 分钟。
4. 检修 X62W 万能铣床的电气线路故障。时间 45 分钟。
5. 检修 M1432 万能外圆磨床电气线路故障。时间 45 分钟。
6. 检修 M1420 万能外圆磨床电气线路故障。时间 45 分钟。
7. 检修 M1420 万能外圆磨床直流调速控制线路故障。时间 45 分钟。
8. 检修 M7475B 型磨床的电气线路故障。时间 45 分钟。
9. 检修 M7475B 型磨床的充退磁电路故障。时间 45 分钟。
10. 检修 20/5 吨桥式起重机电气线路故障。时间 45 分钟。
11. 检修并励直流电动机正反转启动和反接制动控制电路。时间 45 分钟。
12. 检修并励直流电动机串电阻二级启动能耗制动控制电路。时间 45 分钟。
13. 检修三速交流异步电动机自动变速控制电路。时间 45 分钟。
14. 检修双速交流异步电动机自动变速控制电路。时间 45 分钟。
15. 检修绕线式交流异步电动机启动、机械制动控制电路。时间 45 分钟。
16. 检修通电延时带直流能耗制动的 Y-△ 启动的控制电路。时间 45 分钟。
17. 检修三相异步电动机双重联锁正反转启动反接制动的控制电路。时间 45 分钟。

18. 检修电气设备中直流稳压电路。时间 45 分钟。
19. 检修电气设备中单相可控整流电路。时间 45 分钟。
20. 检修较复杂集成块模拟电子线路板。时间 45 分钟。
21. 检修较复杂可控硅调压线路板。时间 45 分钟。
22. 检修 OCL 功率放大器线路板。时间 45 分钟。
23. 按工艺规程检修中、小型双速异步电动机。时间 45 分钟。
24. 按工艺规程检修 55kW 以上三相异步电动机。时间 240 分钟。
25. 按工艺规程检修 55kW 以上绕线转子异步电动机。时间 240 分钟。
26. 按工艺规程主持检修 60kV 以下直流电动机。时间 240 分钟。
27. 按工艺规程检修 10kV 以下电流互感器。时间 240 分钟。
28. 按工艺规程检修低压电缆终端。时间 240 分钟。
29. 按工艺规程主持检修 1000kVA 以下三相电力变压器的故障检修。时间 240 分钟。
30. 按工艺规程检修可控硅整流弧焊机。时间 240 分钟。

三、仪器与仪表

1. 用两表法测量三相负载的有功功率。时间 20 分钟。
2. 用一表跨相法测量三相无功功率。时间 20 分钟。
3. 用两表跨相法测量三相无功功率。时间 20 分钟。
4. 用三只单相有功功率表测量三相无功功率,要求按三表跨相法正确接线。时间 20 分钟。
5. 用单臂电桥测量直流并励电动机励磁绕组的电阻。时间 20 分钟。
6. 用双臂电桥测量并励直流电动机电枢绕组的电阻。时间 20 分钟。
7. 用三端钮接地电阻测量仪测量接地装置的接地电阻。时间 20 分钟。
8. 用四端钮接地电阻测量仪测量接地装置的接地电阻。时间 20 分钟。
9. 用示波器观察信号发生器的波形。时间 20 分钟。
10. 用示波器观察晶闸管触发信号的波形。时间 20 分钟。

第四节 理论知识模拟试卷

模拟试卷（一）

(一) 选择题

1. 为了促进企业的规范化发展,需要发挥企业文化的(　　)功能。
   A. 娱乐　　　　B. 主导　　　　C. 决策　　　　D. 自律
2. 职业道德对企业起到(　　)的作用。
   A. 决定经济效益　　　　　　B. 促进决策科学化
   C. 增强竞争力　　　　　　　D. 树立员工守业意识
3. 职业道德活动中,对客人做到(　　)是符合语言规范的具体要求的。

A. 言语细致，反复介绍　　　　　　　B. 语速要快，不浪费客人时间
C. 用尊称，不用忌语　　　　　　　　D. 语气严肃，维护自尊

4. 下列说法中，不符合语言规范具体要求的是（　　）。
   A. 语感自然，不呆板　　　　　　　　B. 用尊称，不用忌语
   C. 语速适中，不快不慢　　　　　　　D. 多使用幽默语言，调节气氛

5. 电路的作用是实现能量的（　　）和转换、信号的传递和处理。
   A. 连接　　　　B. 传输　　　　C. 控制　　　　D. 传送

6. 电位是相对量，随参考点的改变而改变，而电压是（　　），不随考点的改变而改变。
   A. 衡量　　　　B. 变量　　　　C. 绝对量　　　D. 相对量

7. （　　）的电阻首尾依次相连，中间无分支的联结方式叫电阻的串联。
   A. 两个或两个以上　　　　　　　　　B. 两个
   C. 两个以上　　　　　　　　　　　　D. 一个或一个以上

8. 当 RLC 串联电路发生谐振时，其电流、电压的相位差为（　　）。
   A. 0°　　　　　B. 30°　　　　C. 60°　　　　D. 90°

9. 当直导体和磁场垂直时，与直导体在磁场中的有效长度、所在位置的磁感应强度成（　　）。
   A. 相等　　　　B. 相反　　　　C. 正比　　　　D. 反比

10. 一般在交流电的解析式中所出现的 α，都是指（　　）。
    A. 电角度　　　B. 感应电动势　　C. 角速度　　　D. 正弦电动势

11. 电容两端的电压滞后电流（　　）。
    A. 30°　　　　B. 90°　　　　C. 180°　　　D. 360°

12. 当 $\omega t = 0°$ 时，$i_1=\sin(\omega t +0°)$、$i_2=\sin(\omega t +270°)$、$i_3=\sin(\omega t +90°)$ 分别为（　　）。
    A. 0、负值、正值　　　　　　　　　B. 0、正值、负值
    C. 负值、0、正值　　　　　　　　　D. 负值、正值、0

13. 热脱扣器的整定电流应（　　）所控制负载的额定电流。
    A. 不小于　　　B. 等于　　　　C. 小于　　　　D. 大于

14. 当二极管外加电压时，反向电流很小，且不随（　　）变化。
    A. 正向电流　　B. 正向电压　　C. 电压　　　　D. 反向电压

15. 三极管组成放大电路时，三极管工作在（　　）状态。
    A. 截止　　　　B. 放大　　　　C. 饱和　　　　D. 导通

16. 读图的基本步骤有：看图样说明，（　　），看安装接线图。
    A. 看主电路　　B. 看电路图　　C. 看辅助电路　D. 看交流电路

17. 两地控制时应将两地的停止按钮（　　）。
    A. 串联　　　　B. 并联　　　　C. 互锁　　　　D. 联锁

18. 测量电压时，电压表应与被测电路（　　）。
    A. 并联　　　　B. 串联　　　　C. 正接　　　　D. 反接

19. （　　）适用于狭长平面以及加工余量不大时的锉削。
    A. 顺向锉　　　B. 交叉锉　　　C. 推锉　　　　D. 曲面锉削

20. 在供电为短路接地的电网系统中，人体触及外壳带电设备的一点同站立地面一点之间的电位差称为（　　）。
   A. 单相触电　　　　　　　　　　B. 两相触电
   C. 接触电压触电　　　　　　　　D. 跨步电压触电
21. 高压设备室内不得接近故障点（　　）以内。
   A. 1m　　　B. 2m　　　C. 3m　　　D. 4m
22. 与环境污染相关且并称的概念是（　　）。
   A. 生态破坏　　　　　　　　　　B. 电磁幅射污染
   C. 电磁噪声污染　　　　　　　　D. 公害
23. 下列控制声音传播的措施中（　　）不属于消声措施。
   A. 使用吸声材料　　　　　　　　B. 采用声波反射措施
   C. 电气设备安装消声器　　　　　D. 使用个人防护用品
24. 劳动者的基本权利包括（　　）等。
   A. 完成劳动任务　　　　　　　　B. 提高职业技能
   C. 执行劳动安全卫生规程　　　　D. 获得劳动报酬
25. 电工指示按仪表测量机构的结构和工作原理分，有（　　）等。
   A. 直流仪表和交流仪表　　　　　B. 电流表和电压表
   C. 磁电系仪表和电磁系仪表　　　D. 安装式仪表和可携带式仪表
26. 电工指示仪表在使用时，通常根据仪表的准确度等级来决定用途，如0.1级和0.2级仪表常用于（　　）。
   A. 标准表　　B. 实验室　　C. 工程测量　　D. 工业测量
27. 作为电流或电压测量时，（　　）级和2.5级的仪表容许使用1.0级的互感器。
   A. 0.1级　　B. 0.5级　　C. 1.0级　　D. 1.5级
28. 喷灯的加油、放油和维修应在喷灯（　　）进行。
   A. 燃烧时　　B. 燃烧或熄灭后　　C. 熄火后　　D. 以上都不对
29. 使用塞尺时，根据间隙大小，可用一片或（　　）在一起插入间隙内。
   A. 数片重叠　　B. 一片重叠　　C. 两片重叠　　D. 三片重叠
30. X6132型万能铣床进给运动时，升降台的上下运动和工作台的前后运动完全由操纵手柄通过行程开关来控制，其中，用于控制工作台向前和向下的行程开关是（　　）。
   A. SQ_1　　B. SQ_2　　C. SQ_3　　D. SQ_4
31. X6132型万能铣床工作台变换进给速度时，当蘑菇形手柄向前拉至极端位置且在反向推回之前借孔盘推动行程开关SQ_6，瞬时接通接触器（　　），则进给电动机作瞬时转动，使齿轮容易啮合。
   A. KM_2　　B. KM_3　　C. KM_4　　D. KM_5
32. 在MGB1420万能磨床的砂轮电动机控制回路中，接通电源开关（　　）后，220V交流控制电压通过开关SA_2控制接触器KM_1，从而控制液压、冷却泵电动机。
   A. QS_1　　B. QS_2　　C. QS_3　　D. QS_4
33. 在MGB1420万能磨床的工件电动机控制回路中，主令开关SA_1扳在开挡时，中间

继电器 KA_2 线圈吸合，从电位器（　　）引出给定信号电压，同时制动电路被切断。

　　A．RP_1　　　　B．RP_2　　　　C．RP_3　　　　D．RP_4

34．在 MGB1420 万能磨床的工件电动机控制回路，主令开关 SA_1 扳在试挡时，中间继电器 KA_1　　　　。

35．在 MGB1420 万能磨床晶闸管直流调速系统中，主回路通常采用（　　）。

　　A．单相全波可控整流电路　　　　B．单相桥式半控制整流电路

　　C．三相半波可控制整流电路　　　　D．三相半控桥整流电路

36．在 MGB1420 万能磨床晶闸管直流调速系统控制回路的基本环节中，V_{37} 为一级放大，（　　）可看成是一个可变电阻。

　　A．V_{33}　　　　B．V_{34}　　　　C．V_{35}　　　　D．V_{37}

37．绘制电气原理图时，通常把主线路和辅助线路分开，主线路用（　　）画在辅助线路的左侧或上部，辅助线路用细实线画在主线路的右侧或下部。

　　A．粗实线　　　　B．细实线　　　　C．点画线　　　　D．虚线

38．X6132 型万能铣床的进给电动机 M_2 为 1.5kW，应选择（　　）BVR 型塑料铜芯线。

　　A．1.5mm²　　　　B．2.5mm²　　　　C．4mm²　　　　D．6mm²

39．X6132 型万能铣床电气控制板制作前应检测电动机（　　）。

　　A．是否有异味　　　　B．是否有异常声响

　　C．三相电阻是否平衡　　　　D．是否振动

40．X6132 型万能铣床制作电气控制板时，应用厚（　　）的钢板按要求裁剪出不同规格的控制板。

　　A．1mm　　　　B．1.5mm　　　　C．2.5mm　　　　D．4mm

41．X6132 型万能铣床线路导线与端子连接时，导线接入接线端子，首先根据实际需要剥切出连接长度，（　　），然后，套上标号套管，再与接线端子可靠地连接。

　　A．除锈和清除杂物　　　　B．测量接线长度

　　C．浸锡　　　　D．恢复绝缘

42．20/5t 桥式起重机安装前应准备好常用仪表，主要包括（　　）。

　　A．试电笔　　　　B．直流双臂电桥

　　C．直流单臂电桥　　　　D．万用表

43．起重机轨道的连接包括同一根轨道上接头处的连接和两根轨道之间的连接。两根轨道之间的连接通常采用 30mm×3mm 扁钢或（　　）以上的圆钢。

　　A．ϕ5mm　　　　B．ϕ8mm　　　　C．ϕ10mm　　　　D．ϕ20mm

44．桥式起重机接地体；焊接时接触面的四周均要焊接，以（　　）。

　　A．增大焊接面积　　　　B．使焊接部分更加美观

　　C．使焊接部分更加牢固　　　　D．使焊点均匀

45．20/5t 桥式起重机的电源线应接入安全供电滑触线导管的（　　）上。

　　A．合金导体　　　　B．银导体　　　　C．铜导体　　　　D．钢导体

46．起重机桥箱内电风扇和电热取暖设备的电源用（　　）电源。

A．380V　　　　B．220V　　　　C．36V　　　　D．24V

47．20/5t 桥式起重机连接线必须采用铜芯多股软线，采用多股多芯线时，截面积不小于（　　）。

A．1mm^2　　　B．1.5mm^2　　C．2.5mm^2　　D．4mm^2

48．供、馈电线路采用拖缆安装方式安装时，钢缆从小车上支架孔内穿过，电缆通过吊环与承力尼龙绳一起吊装在钢缆上，一般尼龙绳的长度比电缆（　　）。

A．稍长一些　　B．稍短一些　　C．长 300mm　　D．长 500mm

49．反复短时工作制的负载持续率是指（　　）。

A．周期时间与空闲时间之比　　　B．空闲时间与周期时间之比
C．周期时间与负载运行时间之比　　D．负载运行时间与周期时间之比

50．潮湿和有腐蚀气体的场所内明敷或埋地，一般采用管壁较厚的（　　）。

A．硬塑料管　　B．电线管　　C．软塑料管　　D．白铁管

51．白铁管和电线管径可根据穿管导线的截面和根数选择，如果导线的截面积为 1mm^2，穿导线的根数为两根，则线管规格为（　　）mm。

A．13　　　　B．16　　　　C．19　　　　D．25

52．根据导线共管敷设原则，下列各线路中不得共管敷设的是（　　）。

A．有联锁关系的电力及控制回路　　B．用电设备的信号和控制回路
C．同一照明方式的不同支线　　　　D．事故照明线路

53．X6132 型万能铣床主轴启动时，将换向开关 SA_3 拨到标示牌所指示的正转或反转位置，再按按钮 SB_3 或（　　），主轴旋转的转向要正确。

A．SB_1　　　B．SB_2　　　C．SB_4　　　D．SB_5

54．X6132 型万能铣床主轴上刀制动时。把 SA_{2-2} 打到接通位置；SA_{2-1} 断开 127V 控制电源，主轴刹车离合器（　　）得电，主轴不能启动。

A．YC_1　　　B．YC_2　　　C．YC_3　　　D．YC_4

55．X6132 型万能铣床工作台纵向移动时，操作手柄有（　　）位置。

A．两个　　　B．三个　　　C．四个　　　D．五个

56．X6132 型万能铣床工作台快速进给调试时，将操作手柄扳到相应的位置，按下按钮（　　），KM_2 得电，其辅助触点接通 YC_3，工作台就按选定的方向快进。

A．SB_1　　　B．SB_3　　　C．SB_4　　　D．SB_5

57．MGB1420 万能磨床试车调试时，将 SA_1 开关转到"试"的位置，中间继电器（　　）接通电位器 RP_6，调节电位器使转速达到 200～300r/min，将 RP_6 封住。

A．KA_1　　　B．KA_2　　　C．KA_3　　　D．KA_4

58．MGB1420 万能磨床电流截止负反馈电路调整时，应将截止电流调至（　　）左右。

A．1.5A　　　B．2A　　　　C．3A　　　　D．4.2A

59．在 MGB1420 万能磨床中，一般触发大容量的晶闸管时，C 应选得大一些，如晶闸管是 50A 的，C 应选（　　）。

A．0.47μF　　B．0.2μF　　　C．2μF　　　　D．5μF

60. 在 MGB1420 万能磨床中，温度补偿电阻一般选（　　）。
    A. 100～150Ω　　B. 200～300Ω　　C. 300～400Ω　　D. 400～500Ω
61. 20/5t 桥式起重机通电调试前，检查讨电流继电器的电流值整定情况时，整定总过电流继电器 K₄ 的电流值为全部电动机额定电流之和的（　　）。
    A. 0.5 倍　　B. 1 倍　　C. 1.5 倍　　D. 2.5 倍
62. 20/5t 桥式起重机电动机转子回路测试时，在断电情况下扳动手柄，当转动 5 个挡位时，要求 R₅、R₄、R₃、R₂、R₁ 各点依次与（　　）点短接。
    A. R₆　　B. R₇　　C. R₈　　D. R₉
63. 20/5t 桥式起重机吊钩加载试车时，加载要（　　）。
    A. 快速进行　　B. 先快后慢　　C. 逐步进行　　D. 先慢后快
64. 较复杂机械设备电气控制线路调试前，应准备的仪器主要有（　　）。
    A. 钳形电流表　　B. 电压表　　C. 万用表　　D. 调压器
65. 较复杂机械设备电气控制线路调试的原则是（　　）。
    A. 先闭环后开环　　　　　　　　B. 先系统后部件
    C. 先内环后外环　　　　　　　　D. 先电机后阻性负载
66. 直流电动机温升过高时，发现定子与转子相互摩擦，此时应检查（　　）。
    A. 传动带是否过紧　　　　　　　B. 磁极固定螺栓是否松脱
    C. 轴承与轴配合是否过松　　　　D. 电动机固定是否牢固
67. 直流电动机滚动轴承发热的主要原因有（　　）等。
    A. 轴承与轴承室配合过松　　　　B. 轴承变形
    C. 电动机受潮　　　　　　　　　D. 电刷架位置不对
68. 车修换向器表面时，加工后换向器与轴的同轴度不超过（　　）。
    A. 0.02～0.03mm　　　　　　　　B. 0.03～0.35mm
    C. 0.35～0.4mm　　　　　　　　D. 0.4～0.45mm
69. 电磁调速电动机校验和试车时，应正确接线，如是脉冲测速发电机可接（　　）。
    A. U、V、W　　B. U、W、V　　C. V、W、U　　D. V、U、W
70. 交磁电机扩大机补偿程度的调节时，对于负载为直流电机时，其欠补偿程度应欠得多一些，常为全补偿特性的（　　）。
    A. 75%　　B. 80%　　C. 90%　　D. 100%
71. X6132 型万能铣床的全部电动机都不能启动，可能是由于（　　）造成的。
    A. 停止按钮常闭触点短路　　　　B. SQ₇ 常开触点接触不良
    C. 热继电器 FR₁～FR₃ 跳闸未复位　D. 电磁离合器 YC₁ 无直流电压
72. MGB1420 型磨床控制回路电气故障检修时，自动循环磨削加工时不能自动停机，可能是行程开关（　　）接触不良。
    A. SQ₁　　B. SQ₂　　C. SQ₃　　D. SQ₄
73. MGB1420 型磨床工件无级变速直流拖动系统故障检修时，观察 C₃ 两端的电压 U_c 的波形。如无锯齿波电压，可通过电位器（　　）调节输入控制信号的电压。

A．RP₁　　　　B．RP₂　　　　C．RP₃　　　　D．RP₄

74．用单相功率表扩大量程测量有功功率时，当负载功率超过功率表的量程时，可通过使用（　　）来扩大量程。
　　A．电压互感器　　　　　　　　B．电流互感器
　　C．并联分流电阻　　　　　　　D．串联附加电阻

75．用示波器测量脉冲信号时，在测量脉冲上升时间和下降时间时，根据定义应从脉冲幅度的（　　）和90%处作为起始和终止的基准点。
　　A．2%　　　　B．3%　　　　C．5%　　　　D．10%

76．JT-1型晶体管图示仪有（　　）极性开关。
　　A．1个　　　　B．2个　　　　C．3个　　　　D．4个

77．直流电动机的转子由电枢铁心、电枢绕组及（　　）等部件组成。
　　A．机座　　　　B．主磁极　　　　C．换向器　　　　D．换向极

78．测速发电机是一种将（　　）转换为电气信号的机电式信号元件。
　　A．输入电压　　　B．输出电压　　　C．转子速度　　　D．电磁转矩

78．测速发电机可以作为（　　）。
　　A．电压元件　　　B．功率元件　　　C．校正元件　　　D．电流元件

80．单相桥式全控整流电路的优点是（　　），不需要带中间抽头的变压器，且输出电压脉动小。
　　A．减少了晶闸管的数量　　　　B．降低了成本
　　C．提高了变压器的利用率　　　D．不需要维护

（二）判断题

1．职业道德不倡导人们的牟利最大化观念。（　　）
2．频率越高或电感越大，则感抗越大，对交流电的阻碍作用越大。（　　）
3．二极管具有单向导电性，是线性元件。（　　）
4．CA6140型车床的公共控制回路是0号线。（　　）
5．电气测绘最后绘出的是安装接线图。（　　）
6．X6132型万能铣床的电气控制板制作前，应检测电动机三相电阻是否平衡，绝缘是否良好，若绝缘电阻低于0.5MΩ，可继续使用。（　　）
7．起重机照明电路中，36V可作为警铃电源及安全行灯电源。（　　）
8．桥式起重机接线结束后，可立即投入使用。（　　）
9．KCJ1型小容量直流电动机晶闸管调速系统由给定电压环节、运算放大器电压负反馈环节、电流截止正反馈环节组成。（　　）
10．X6132型万能铣床工作台纵向移动由横向操作手柄来控制。（　　）
11．MGB1420万能磨床试车调试时，将SA₁开关转到"试"的位置，中间继电器KA₁接通电位器RP₆。（　　）
12．机械设备电气控制线路闭环调试时，应先调节速度环，再调节电流环。（　　）

13. 换向器车好后，云母或塑料绝缘必须与换向器表面平齐。为此，把转子用挖削工具把云母片或塑料绝缘物下刻 1~2mm。刻好后的云母槽必须和换向片成直角，侧面不应留有绝缘物。（   ）

14. 采用霍尔元件换向的电动机，应注意开关的出线顺序不能搞错。（   ）

15. X6132 型万能铣床的全部电动机都不能启动时，如果控制变压器 TC 无输入电压，可检查电源开关 SQ 触点是否接触好。（   ）

16. MGB1420 型磨床电气故障检修时，如果 KM_2 不能吸合，应检查电源电压、控制电压是否正常，检查热继电器 FR_1~FR_4 是否跳开未复位，触点是否有接触不良现象。（   ）

17. 晶闸管性能与温度有较大的关系，为得出正确结果，可将晶闸管放在恒温箱内加热到 60℃~80℃（不得超过 100℃）后，再测量阳极和阴极之间的正反向电阻。（   ）

18. 使用双踪示波器可以直接观测两路信号间的时间差值，一般情况下，被测信号频率较低时采用交替方式。（   ）

19. 过电压保护的作用是，一旦有大电流产生威胁晶闸管时，能在允许时间内快速地将过电流切断，以防晶闸管损坏。（   ）

20. 由于变压器一次、二次绕组有电阻和漏感，负载电流通过这些漏阻抗产生内部电压降，其二次侧端电阻随负载的变化而变化。（   ）

模拟试卷（二）

（一）选择题

1. 职业道德与人们事业的关系是（   ）。
   A．有职业道德的人一定能够获得事业成功
   B．没有职业道德的人不会获得成功
   C．事业成功的人往往具有较高的职业道德
   D．缺乏职业道德的人往往更容易获得成功

2. （   ）是企业诚实守信的内在要求。
   A．维护企业信誉　　　　　　　　B．增加职工福利
   C．注重经济效益　　　　　　　　D．开展员工培训

3. 职业纪律是企业的行为规范，职业纪律具有（   ）的特点。
   A．明确的规定性　　　　　　　　B．高度的强制性
   C．通用性　　　　　　　　　　　D．自愿性

4. 关于创新的正确论述是（   ）。
   A．不墨守成规，但也不可标新立异
   B．企业经不起折腾，大胆地闯早晚会出问题
   C．创新是企业发展的动力
   D．创新需要灵感，但不需要情感

5. 一般规定（   ）移动的方向为电流的方向。
   A．正电荷　　　B．负电荷　　　C．电荷　　　D．正电荷或负电荷

6. 电阻器反映导体对（　　）起阻碍作用的大小，简称电阻。
   A. 电压　　　　　B. 电动势　　　　　C. 电流　　　　　D. 电阻率
7. 串联电路中流过每个电阻的电流都（　　）。
   A. 电流之和　　　　　　　　　　　　B. 相等
   C. 等于各电阻流过的电流之和　　　　D. 分配的电流与各电阻值成正比
8. 电容器串联时每个电容器上的电荷量（　　）。
   A. 之和　　　　　B. 相等　　　　　C. 倒数之和　　　　　D. 成反比
9. 一电压有效值为 U_1 的正弦交流电源经过单相半波整流后的电压有效值 U_2 为（　　）。
   A. $U_2=0.9U_1$　　B. $U_2=U_1$　　C. $U_2=1.2U_1$　　D. $U_2=0.45U_1$
10. 单位面积上垂直穿过的磁力线数叫做（　　）。
    A. 磁通或磁通量　B. 磁导率　　　C. 磁感应强度　　D. 磁场强度
11. 通电直导体在磁场中所受力方向，可以通过（　　）来判断。
    A. 右手定则、左手定则　　　　　　B. 楞次定律
    C. 右手定则　　　　　　　　　　　D. 左手定则
12. 正弦量的平均值与最大值之间的关系不正确的是（　　）。
    A. 对正弦波正半轴积分所得的值为平均值
    B. 正弦波的峰值是最大值
    C. 平均值与最大值不相等
    D. 平均值与最大值相等
13. 相线与相线间的电压称线电压。它们的相位相差（　　）。
    A. 45°　　　　　B. 90°　　　　　C. 120°　　　　　D. 180°
14. 当 $\omega t=120°$ 时，$i_1=\sin(\omega t+60°)$、$i_2=\sin(\omega t+90°)$、$i_3=\sin(\omega t+30°)$ 分别为（　　）。
    A. 0、负值、正值　　　　　　　　　B. 0、正值、负值
    C. 负值、0、正值　　　　　　　　　D. 负值、正值、0
15. 电磁脱扣器的瞬时脱扣整定电流应（　　）负载正常工作时可能出现的峰值电流。
    A. 小于　　　　　B. 等于　　　　　C. 大于　　　　　D. 不小于
16. 三极管放大区的放大条件为（　　）。
    A. 发射结正偏，集电结反偏　　　　B. 发射结反偏或零偏，集电结反偏
    C. 发射结和集电结正偏　　　　　　D. 发射结和集电结反偏
17. 常用的稳压电路有（　　）等。
    A. 稳压管并联型稳压　　　　　　　B. 串联型稳压
    C. 开关型稳压　　　　　　　　　　D. 以上都是
18. 按钮联锁正反转控制线路的优点是操作方便，缺点是容易产生电源两相短路事故。在实际工作中，经常采用按钮、接触器双重联锁（　　）控制线路。
    A. 点动　　　　　B. 自锁　　　　　C. 顺序启动　　　　　D. 正反转
19. 多量程的电压表是在表内备有可供选择的（　　）阻值倍压器的电压表。
    A. 一种　　　　　B. 两种　　　　　C. 三种　　　　　D. 多种

20. 机床照明、移动行灯等设备，使用的安全电压为（　　）。
    A．9V　　　　　　B．12V　　　　　　C．24V　　　　　　D．36V
21. 电气设备维修值班一般应有（　　）以上。
    A．1人　　　　　　B．2人　　　　　　C．3人　　　　　　D．4人
22. 下列电磁污染形式中不属于人为的电磁污染的是（　　）。
    A．脉冲放电　　　　　　　　　　　　B．电磁场
    C．射频电磁污染　　　　　　　　　　D．磁暴
23. 劳动者的基本权利包括（　　）等。
    A．完成劳动任务　B．提高职业技能　C．请假外出　D．提请劳动争议处理
24. 根据劳动法的有关规定，（　　），劳动者可以随时通知用人单位解除劳动合同。
    A．在试用期间被证明不符合录用条件的
    B．严重违反劳动纪律或用人单位规章制度的
    C．严重失职、营私舞弊，对用人单位利益造成重大损害的
    D．用人单位以暴力、威胁或者非法限制人身自由的手段强迫劳动的
25. 为了提高被测值的精度，在选用仪表时，要尽可能使被测量值在仪表满度值的（　　）。
    A．1/2　　　　　　B．1/3　　　　　　C．2/3　　　　　　D．1/4
26. 作为电流或电压测量时，1.5级和2.5级的仪表容许使用（　　）的互感器。
    A．0.1级　　　　　B．0.5级　　　　　C．1.0级　　　　　D．1.5级
27. 随着测量技术的迅速发展，电子测量的范围正向更宽频段及（　　）方向发展。
    A．超低频段　　　　B．低频段　　　　C．超高频段　　　　D．全频段
28. 喷灯的加油、放油和维修应在喷灯（　　）进行。
    A．燃烧时　　　　B．燃烧或熄灭后　　　C．熄火后　　　　D．以上都不对
29. 千分尺测微杆的螺距为（　　），它装入固定套筒的螺孔中。
    A．0.6mm　　　　B．0.8mm　　　　C．0.5mm　　　　D．1mm
30. X6132型万能铣床停止主轴时，按停止按钮（　　）或 SB_{2-1}，切断接触器 KM_1 线圈的供电电路，并接通 YC1 主轴制动电磁离合器，主轴即可停止转动。
    A．SB_{1-1}　　　B．SB_2　　　　　C．SB_3　　　　　D．SB_4
31. X6132型万能铣床工作台的左右运动由操纵手柄来控制，其联动机构控制行程开关是（　　），它们分别控制工作台向右及向左运动。
    A．SQ_1 和 SQ_2　B．SQ_2　　　C．SQ_3 和 SQ_4　D．SQ_4 和 SQ_2
32. 在MGB1420万能磨床的内外磨砂轮电动机控制回路中，接通电源开关（　　），220V 交流控制电压通过开关 SA_3 控制接触器 KM_2 的通断，达到内外磨砂轮电动机的启动和停止。
    A．QS_1　　　　B．QS_2　　　　C．QS_3　　　　D．QS_4
33. 在MGB1420万能磨床晶闸管直流调速系统控制回路的基本环节中，V_{37} 为一级放大，（　　）可看成是一个可变电阻。
    A．V_{33}　　　　B．V_{34}　　　　C．V_{35}　　　　D．V_{37}

34．绘制电气原理图时，通常把主线路和辅助线路分开，主线路用（　　）画在辅助线路的左侧或上部，辅助线路用细实线画在主线路的右侧或下部。
　　　A．粗实线　　　　B．细实线　　　　C．点画线　　　　D．虚线
35．在分析较复杂电气原理图的辅助电路时，要对照（　　）进行分析。
　　　A．主线路　　　　B．控制电路　　　C．辅助电路　　　D．联锁与保护环节
36．CA6140型车床是机械加工行业中最为常见的金属切削设备，其刀架快速移动控制在中拖板（　　）操作手柄上
　　　A．右侧　　　　　B．正前方　　　　C．左前方　　　　D．左侧
37．电气测绘时，应避免大拆大卸，对去掉的线头应（　　）。
　　　A．记录　　　　　B．恢复绝缘　　　C．不予考虑　　　D．重新连接
38．X6132型万能铣床的冷却泵电动机 M_3 为0.125kW，应选择（　　）BVR型塑料铜芯线。
　　　A．1.5mm^2　　　B．2.5mm^2　　　C．4mm^2　　　　D．6mm^2
39．X6132型万能铣床电气控制板制作前应检测电动机（　　）。
　　　A．是否有异味　　B．是否有异常声响　C．绝缘是否良好　D．是否振动
40．X6132型万能铣床制作电气控制板时，画出安装标记后进行钻孔、攻螺纹、去毛刺、修磨，将板两面刷防锈漆，并在正面喷涂（　　）。
　　　A．黑漆　　　　　B．白漆　　　　　C．蓝漆　　　　　D．黄漆
41．X6132型万能铣床线路敷设时，在平行于板面方向上的导线应（　　）。
　　　A．交叉　　　　　B．垂直　　　　　C．平行　　　　　D．平直
42．X6132型万能铣床电动机的安装，一般采用起吊装置，先将电动机水平吊起至中心高度并与安装孔对正，再将电动机与（　　）连接件啮合，对准电动机安装孔，旋紧螺栓，最后撤去起吊装置。
　　　A．紧固　　　　　B．转动　　　　　C．轴承　　　　　D．齿轮
43．机床的电气连接时，元器件上端子的接线用剥线钳剪切出适当长度，剥出接线头，（　　），然后镀锡，套上号码套管，接到接线端子上用螺钉拧紧即可。
　　　A．除锈　　　　　B．测量长度　　　C．整理线头　　　D．清理线头
44．20/5t桥式起重机安装前应准备好常用仪表，主要包括（　　）。
　　　A．试电笔　　　　　　　　　　　　B．直流双臂电桥
　　　C．直流单臂电桥　　　　　　　　　D．钳形电流表
45．桥式起重机接地体的制作时，可选用专用接地体或用（　　）角钢，截取长度为2.5m，其一端加工成尖状。
　　　A．20mm×20mm×2mm　　　　　　B．30mm×30mm×3mm
　　　C．40mm×40mm×4mm　　　　　　D．50mm×50mm×5mm
46．桥式起重机连接接地体的扁钢采用（　　）而不能平放，所有扁钢要求平、直。
　　　A．立行侧放　　　B．横放　　　　　C．倾斜放置　　　D．纵向放置
47．桥式起重机支架悬吊间距约为（　　）。

A． 0.5m　　　　B． 1.5m　　　　C． 2.5m　　　　D． 5m

48．20/5t 桥式起重机的电源线进线方式有（　　）和端部进线两种。

A．上部进线　　B．下部进线　　C．中间进线　　D．后部进线

49．起重机照明及信号电路所取得的 220V 及 36V 电源均不（　　）。

A．重复接地　　B．接零　　　　C．接地　　　　D．工作接地

50．桥式起重机操纵室、控制箱内的配线，主回路小截面积导线可用（　　）。

A．铜芯多股软线　　　　　　　B．橡胶绝缘电线

C．塑料绝缘导线　　　　　　　D．护套线

51．20/5t 桥式起重机的移动小车上装有主副卷扬机、小车前后运动电动机及（　　）等。

A．小车左右运动电动机　　　　B．下降限位开关

C．断路开关　　　　　　　　　D．上升限位开关

52．绕线式电动机转子电刷短接时，负载启动力矩不超过额定力矩（　　）时，按转子额定电流的 35%选择截面。

A．40%　　　　B．50%　　　　C．60%　　　　D．70%

53．我国规定的负载持续率有（　　）四种。

A．10%、25%、40%、60%　　　　B．15%、25%、40%、50%

C．10%、25%、40%、50%　　　　D．15%、25%、40%、60%

54．白铁管和电线管径可根据穿管导线的截面和根数选择，如果导线的截面积为 1.5mm^2，穿导线的根数为两根，则线管规格为（　　）mm。

A．13　　　　　B．16　　　　　C．19　　　　　D．25

55．同一照明方式的不同支线可共管敷设，但一根管内的导线数不宜超过（　　）。

A．4 根　　　　B．6 根　　　　C．8 根　　　　D．10 根

56．X6132 型万能铣床主轴启动时，如果主轴不转，检查电动机（　　）控制回路。

A．M_1　　　　B．M_2　　　　C．M_3　　　　D．M_4

57．X6132 型万能铣床工作台向后移动时，将（　　）扳到"断开"位置，SA_{1-1} 闭合，SA_{1-2} 断开，SA_{1-3} 闭合。

A．SA_1　　　　B．SA_2　　　　C．SA_3　　　　D．SA_4

58．X6132 型万能铣床工作台操作手柄在左时，（　　）行程开关动作，M_3 电动机反转。

A．SQ_1　　　　B．SQ_2　　　　C．SQ_3　　　　D．SQ_5

59．MGB1420 万能磨床电动机空载通电调试时，将 SA_1 开关转到"开"的位置，中间继电器（　　）接通，并把调速电位器接入电路，慢慢转动 RP_1 旋钮，使给定电压信号逐渐上升。

A．KA_1　　　　B．KA_2　　　　C．KA_3　　　　D．KA_4

60．MGB1420 万能磨床电流截止负反馈电路调整，工件电动机的功率为 0.55KW，额定电流为 3A，将截止电流调至 4.2A 左右。把电动机转速调到（　　）的范围内。

A．20～30r/min　　　　　　　B．100～200r/min

C．200～300r/min　　　　　　D．700～800r/min

61．在 MGB1420 万能磨床中，温度补偿电阻采用（   ）。

  A．150Ω   B．200Ω   C．390Ω   D．500Ω

62．20/5t 桥式起重机主钩下降控制线路校验时，置下降第四挡位，观察 KMD、KMB、KM₁、（   ）可靠吸合，KM_D 接通主钩电动机下降电源。

  A．KM₂   B．KM₃   C．KM₄   D．KM₅

63．20/5t 桥式起重机吊钩加载试车时，加载过程中要注意是否有（   ）、声音等不正常现象。

  A．电流过大 B．电压过高 C．发热   D．空载损耗大

64．较复杂机械设备电气控制线路调试前，应准备的仪器主要有（   ）。

  A．钳形电流表 B．电压表   C．双踪示波器 D．调压器

65．较复杂机械设备电气控制线路调试的原则是（   ）。

  A．先闭环，后开环   B．先系统，后部件

  C．先外环，后内环   D．先阻性负载，后电机负载

66．直流电动机因由于换向器偏摆导致电刷下火花过大时，应用（   ）测量，偏摆过大时应重新精车。

  A．游标卡尺 B．直尺   C．千分尺 D．水平仪

67．直流电动机温升过高时，发现电枢绕组部分线圈接反，此时应（   ）。

  A．进行绕组重绕   B．检查后纠正接线

  C．更换电枢绕组   D．检查绕组绝缘

68．用试灯检查叠式绕组开路故障时，两片换向器上所接的线圈开路的症状是在两片换向器间（   ）。

  A．高低不平   B．磨损很多

  C．有烧毁的黑点   D．产生很大的环火

69．检查波形绕组短路故障时，对于六极电枢，当测量到一根短路线圈的两个线端中间的任何一根的时候，电压表上的读数大约等于（   ）。

  A．最大值   B．正常的一半

  C．正常的三分之一   D．零

70．检查波形绕组短路故障时，在四极绕组里，测量换向器相对的两换向片时，若电压（   ），则表示这一只线圈短路。

  A．很小或者等于零   B．正常的一半

  C．正常的三分之一   D．很大

71．电刷、电刷架检修时，应检查电刷表面有无异状。把电刷清刷干净，将电刷从刷握中取出，在亮处照看其接触面。当镜面面积少于（   ）时，就需要研磨电刷。

  A．50%   B．60%   C．70%   D．80%

72．电磁调速电动机校验和试车时，调节调速电位器，使输出轴转速逐渐增加到最高转速。若无不正常现象，连续空载（   ），试车完毕。

  A．0.5～1h B．1～2h   C．2～3h   D．3～5h

73．交磁电机扩大机在运转前应空载研磨电刷接触面，使磨合部分（镜面）达到电刷整个工作面 80%以上时为止，通常需空转（　　）。
　　A．0.5～1h　　　　B．1～2h　　　　C．2～3h　　　　D．4h
74．X6132 型万能铣床的全部电动机都不能启动，可能是由于（　　）造成的。
　　A．停止按钮常闭触点短路　　　　B．SQ_7 常开触点接触不良
　　C．换刀制动开关 SA_2 不在正确位置　　　　D．电磁离合器 YC_1 无直流电压
75．当 X6132 型万能铣床主轴电动机已启动，而进给电动机不能启动时，接触器 KM_3 或 KM_4 已吸合，进给电动机还不转，则应检查（　　）。
　　A．转换开关 SA_1 是否有接触不良现象　　　　B．接触器的联锁辅助触点是否接触不良
　　C．限位开关的触点接触是否良好　　　　D．电动机 M_3 的进线端电压是否正常
76．当 X6132 型万能铣床工作台不能快速进给，检查接触器 KM_2 是否吸合，如果已吸合，则应检查（　　）。
　　A．KM_2 的线圈是否断线　　　　B．KM_2 的主触点是否接触不良
　　C．快速按钮 SB_5 的触点是否接触不良　　　　D．快速按钮 SB_6 的触点是否接触不良
77．MGB1420 型磨床电气故障检修时，如果冷却泵电动机输入端电压不正常，则可能是（　　）接触不良，可进一步检查、修理。
　　A．QS_1　　　　B．QS_2　　　　C．QS_3　　　　D．QS_4
78．MGB1420 型磨床控制回路电气故障检修时，自动循环磨削加工时不能自动停机，可能是时间继电器（　　）已损坏，可进行修复或更换。
　　A．KA　　　　B．KT　　　　C．KM　　　　D．SQ
79．MGB1420 型磨床工件无级变速直流拖动系统故障检修时，在观察稳压管的波形的同时，要注测量稳压管的电流是否在规定的稳压电流范围内。如过大或过小应调整（　　）的阻值，使稳压管工作在稳压范围内。
　　A．R_1　　　　B．R_2　　　　C．R_3　　　　D．R_4
80．晶闸管调速电路常见故障中，未加信号电压，电动机 M 可旋转，可能是（　　）。
　　A．熔断器 FU_6 熔丝熔断　　　　B．触发电路没有触发脉冲输出
　　C．电流截止负反馈过强　　　　D．三极管 V_{35} 或 V_{37} 漏电流过大

（二）判断题

1．职业道德具有自愿性的特点。　　　　　　　　　　　　　　　　　　　　　（　　）
2．变压器是根据电磁感应原理而工作的，它只能改变交流电压，而不能改变直流电压。
　　　　　　　　　　　　　　　　　　　　　　　　　　　　　　　　　　　　（　　）
3．测量电压时，电压表应与被测电路串联。电压表的内阻远大于被测负载的电阻。多量程的电压表是在表内备有可供选择的多种阻值倍压器的电压表。　　　　　　（　　）
4．在 MGB1420 万能磨床晶闸管直流调速系统控制回路电源部分，由 V_9 经 R_{20}、V_{30} 稳压后取得+30V 电压，以供给定信号电压和电流截止负反馈等电路使用。　　　（　　）
5．安装接线图既可表示电气元件的安装位置、实际配线方式等，也可明确表示电路的

原理和电气元件的控制关系。   （ ）

6. 机床的电气连接时，元器件上端子的接线必须按规定的步骤进行。（ ）

7. 桥式起重机支架安装要求牢固、垂直、排列整齐。   （ ）

8. 桥式起重机根据小车在使用过程中不断运动的特点，通常有软线和硬线两种供、馈电线路。   （ ）

9. 当工作时间超过 4min 或停歇时间不足以使导线、电缆冷却到环境温度时，则导线、电缆的允许电流按短期工作制确定。   （ ）

10. 小容量晶体管调速器电路由于主回路串接了平波电抗器 L_d，故电流输出波形得到改善。   （ ）

11. X6132 型万能铣床主轴变速时主轴电动机的冲动控制时，先把主轴瞬时冲动手柄向上压，并拉到前面，转动主轴调速盘，选择所需的转速，再把冲动手柄以较快速度推回原位。   （ ）

12. 机械设备电气控制线路调试前，应将电子器件的插件全部插好，检查设备的绝缘及接地是否良好。   （ ）

13. 直流伺服电动机线圈不正常或内部短路，会造成电动机低速旋转时有大的纹波。
                                                        （ ）

14. 晶闸管触发移相环节中的晶体管或其他元件损坏会导致电动机"飞车"。可用万用表检测，找出故障原因。   （ ）

15. 如果负载加上时电压下降至空载电压的 50%左右，且电机有吱吱声，换向器与电刷间火花较大，则可能是换向绕组接反。   （ ）

16. X6132 型万能铣床的全部电动机都不能启动时，如果控制变压器 TC 无输入电压，可检查电源开关 SQ 触点是否接触好。   （ ）

17. MGB1420 型磨床控制回路电气故障检修时，自动循环磨削加工时不能自动停机，可能是电磁阀 YF 线圈烧坏，应更换线圈。   （ ）

18. 使用三只功率表测量，当出现表针反偏现象时，只要将该相电流线圈反接即可。
                                                        （ ）

19. 晶体管图示仪使用时，被测晶体管接入测试台之前，应先将峰值电压调节旋钮逆时针旋至零位，将基极阶梯信号选择开关调到最大。   （ ）

20. 电气测绘最后绘出的是线路控制原理图。   （ ）

二、操作技能模拟试卷

模拟试卷（一）

试题 1. 由考评员自行选择局部线路图，时间控制在 180 分钟之内，考生进行安装与调试

第三章　中级维修电工鉴定指南

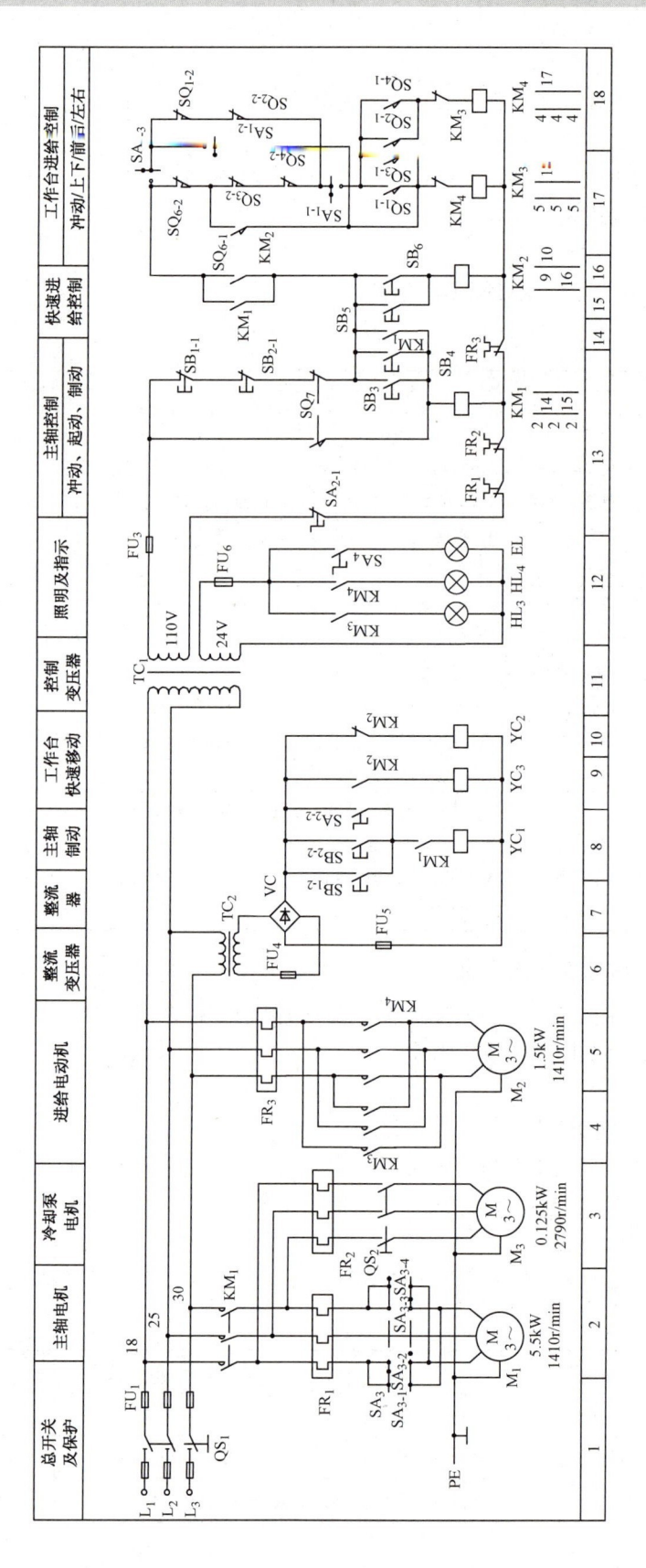

考核要求：

（1）按要求进行正确熟练地安装；元件在配线板上布置要合理，安装要准确紧固，配线要求美观、牢固、导线要进行线槽。正确使用工具和仪表。

（2）按钮盒不固定在配线板上，电源和电动机配线、按钮接线要接到端子排上，进出线槽的导线要有端子标号，引出端要用别径压端子。

（3）安全文明操作。

（4）考核注意事项：满分40分，考试时间180分钟。

评分标准：

序号	主要内容	考核要求	评分标准	配分
1	元件安装	1. 按图纸的要求，正确使用工具和仪表，熟练安装电气元器件 2. 元件在配电板上布置要合理，安装要准确紧固 3. 按钮盒不固定在板上	1. 元件布置不整齐、不均称、不合理，每只扣1分 2. 元件安装不牢固、安装元件时漏装螺钉，每个扣1分 3. 损坏元件每个扣2分	5
2	布线	1. 接线要求美观、紧固、无毛刺，导线要进行线槽 2. 电源和电动机配线、按钮接线要接到端子排上，进出线槽的导线要有端子标号，引出端要用别径压端子	1. 电动机运行正常，如不按电路图接线，扣1分 2. 布线不进行线槽，不美观，主电路、控制电路，每根扣0.5分 3. 接点松动、露铜过长、反圈、压绝缘层、标记线号不清楚、遗漏或误标，引出端无别径压端子，每处扣0.5分 4. 损伤导线绝缘或线芯，每根扣0.5分	15
3	通电试验	在保证人身和设备安全的前提下，通电试验一次成功	1. 时间继电器及热继电器整定值错误各扣2分 2. 主、控电路配错熔体，每个扣1分 3. 一次试车不成功扣5分；二次试车不成功扣10分；三次试车不成功扣15分	20

试题2．检修较复杂集成块模拟电子线路板

在较复杂集成块模拟电子线路板上设隐蔽故障2处。由考生单独排除故障。考生向考评员询问故障现象时，考评员可以将故障现象告诉考生。

考核要求：

（1）正确使用电工工具、仪器和仪表。

（2）根据故障现象，在电子线路图上分析故障可能产生的原因，确定故障发生的范围。

（3）在考核过程中，带电进行检修时，注意人身和设备的安全。

（4）满分40分，考试时间45分钟。

否定项：故障检修得分未达20分，本次鉴定操作考核视为不通过。

评分标准：

序号	主要内容	考核要求	评分标准	配分
1	调查研究	对每个故障现象进行调查研究	排除故障前不进行调查研究扣2分	2
2	故障分析	在电气控制线路上分析故障可能的原因，思路正确	1. 错标或标不出故障范围，每个故障点扣3分	6
			2. 不能标出最小故障范围，每个故障点扣2分	4

续表

序号	主要内容	考核要求	评分标准	配分
3	故障排除	正确使用工具和仪表，找出故障点并排除故障	1. 实际排除故障中思路不清楚，每个故障点扣3分	6
			2. 每少查出1处故障点扣3分	6
			3. 每少排除1处故障点扣4分	8
			4. 排除故障方法不正确，每处扣4分	8
4	其他	操作有误，要从此项总分中扣分	1. 排除故障时产生新的故障后不能自行修复，每个扣10分；已经修复，每个扣5分	
			2. 损坏电动机扣10分	

试题3．用三端钮接地电阻测量仪测量避雷装置的接地电阻

考核要求：

（1）用接地电阻测量仪测量避雷装置的接地电阻，测量结果准确无误。

（2）考核注意事项：满分10分，考核时间20分钟。

否定项：不能损坏仪器、仪表，损坏仪器、仪表扣10分。

评分标准：

序号	主要内容	考核要求	评分标准	配分
1	测量准备	选择仪表正确，接线无误	选择仪表不正确，扣2分；接线错误，扣3分	3
2	测量过程	测量过程准确无误	测量过程中，操作步骤每错一次，扣1分	3
3	测量结果	测量结果在允许误差范围之内	测量结果有较大误差或错误扣2分	3
4	维护保养	对使用的仪器、仪表进行简单的维护保养	维护保养有误扣1分	1

试题4．在各项技能考核中，要遵守安全文明生产的有关规定

考核要求：

（1）劳动保护用品穿戴整齐。

（2）电工工具佩带齐全。

（3）遵守操作规程。

（4）尊重考评员，讲文明礼貌。

（5）考试结束要清理现场。

（6）遵守考场纪律，不能出现重大事故。

（7）考核注意事项：

① 本项目满分10分。

② 安全文明生产贯穿于整个技能鉴定的全过程。

③ 考生在不同的技能试题中，违犯安全文明生产考核要求同一项内容的，要累计扣分。

否定项：出现严重违犯考场纪律或发生重大事故，本次技能考核视为不合格。

评分标准：

序号	主要内容	考核要求	评分标准	配分
1	安全文明生产	1. 劳动保护用品穿戴整齐 2. 电工工具佩带齐全 3. 遵守操作规程 4. 尊重考评员，讲文明礼貌 5. 考试结束要清理现场	1. 各项考试中，违犯安全文明生产考核要求的任何一项扣2分，扣完为止 2. 考生在不同的技能试题中，违犯安全文明生产考核要求同一项内容的，要累计扣分 3. 当考评员发现考生有重大事故隐患时，要立即予以制止，并每次扣考生安全文明生产总分5分	10

模拟试卷（二）

试题1. 按图安装和调试如下集成运放与晶体管组成的功率放大器电路

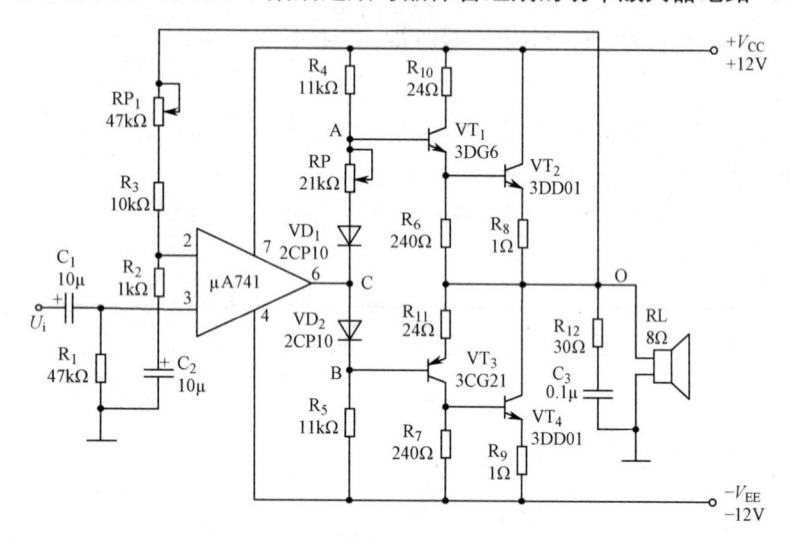

考核要求：

（1）按要求正确熟练地安装集成运放与晶体管组成的功率放大器电路；元件在线路板上布置要合理，安装要准确紧固，线路要求美观、牢固。正确使用工具和仪表。

（2）安全文明操作。

（3）考核注意事项：满分40分，考试时间180分钟。

评分标准：

序号	主要内容	考核要求	评分标准	配分
1	按图焊接	正确使用工具和仪表，装接质量可靠，装接技术符合工艺要求	布局不合理扣1分 焊点粗糙、拉尖、有焊接残渣，每处扣1分 元件虚焊、气孔、漏焊、松动、损坏元件，每处扣1分 引线过长、焊剂不擦干净，每处扣1分 元件标称值不直观、安装高度不合要求扣1分 工具、仪表使用不正确，每次扣1分 焊接时损坏元件，每个扣2分	20
2	调试后通电试验	在规定的时间内，使用仪器仪表调试后进行通电试验	通电调试1次不成功扣5分；2次不成功扣10分；3次不成功扣15分 调试过程中损坏元件，每个扣2分	20

试题 2. 检修 Z37 钻床模拟线路板的电气线路故障

在 Z37 钻床模拟线路板上设隐蔽故障 3 处。其中一次回路 1 处，二次回路 2 处。由考生单独排除故障。考生向考评员询问故障现象时，考评员可以将故障现象告诉考生。

考核要求：

（1）正确使用电工工具、仪器和仪表。

（2）根据故障现象，在 Z37 钻床模拟线路板上分析故障可能产生的原因，确定故障发生的范围。

（3）在考核过程中，带电进行检修时，注意人身和设备的安全。

（4）满分 40 分，考试时间 45 分钟。

否定项：故障检修得分未达 20 分，本次鉴定操作考核视为不通过。

评分标准：

序号	主要内容	考核要求	评分标准	配分
1	调查研究	对每个故障现象进行调查研究	排除故障前不进行调查研究扣 2 分	2
2	故障分析	在电气控制线路上分析故障可能的原因，思路正确	1. 错标或标不出故障范围，每个故障点扣 3 分	6
			2. 不能标出最小故障范围，每个故障点扣 2 分	4
3	故障排除	正确使用工具和仪表，找出故障点并排除故障	1. 实际排除故障中思路不清楚，每个故障点扣 3 分	6
			2. 每少查出 1 处故障点扣 3 分	6
			3. 每少排除 1 处故障点扣 4 分	8
			4. 排除故障方法不正确，每处扣 4 分	8
4	其他	操作有误，要从此项总分中扣分	1. 排除故障时产生新的故障后不能自行修复，每个扣 10 分；已经修复，每个扣 5 分	
			2. 损坏电动机扣 10 分	

试题 3. 用双臂电桥测量并励直流电动机电枢绕组的电阻

考核要求：

（1）用双臂电桥测量并励直流电动机电枢绕组的电阻，测量结果准确无误。

（2）考核注意事项：满分 10 分，考核时间 20 分钟。

否定项：不能损坏仪器、仪表，损坏仪器、仪表扣 10 分。

评分标准：

序号	主要内容	考核要求	评分标准	配分
1	测量准备	接线无误	接线错误，扣 3 分	3
2	测量过程	测量过程准确无误	测量过程中，操作步骤每错一次，扣 1 分	3
3	测量结果	测量结果在允许误差范围之内	测量结果有较大误差或错误扣 3 分	3
4	维护保养	对使用的仪器、仪表进行简单的维护保养	维护保养有误扣 1 分	1

试题 4．在各项技能考核中，要遵守安全文明生产的有关规定

考核要求：

（1）劳动保护用品穿戴整齐。

（2）电工工具佩带齐全。

（3）遵守操作规程。

（4）尊重考评员，讲文明礼貌。

（5）考试结束要清理现场。

（6）遵守考场纪律，不能出现重大事故。

（7）考核注意事项：

① 本项目满分 10 分。

② 安全文明生产贯穿于整个技能鉴定的全过程。

③ 考生在不同的技能试题中，违犯安全文明生产考核要求同一项内容的，要累计扣分。

否定项：出现严重违犯考场纪律或发生重大事故，本次技能考核视为不合格。

评分标准：

序号	主要内容	考核要求	评分标准	配分
1	安全文明生产	1. 劳动保护用品穿戴整齐 2. 电工工具佩带齐全 3. 遵守操作规程 4. 尊重考评员，讲文明礼貌 5. 考试结束要清理现场	1. 各项考试中，违犯安全文明生产考核要求的任何一项扣 2 分，扣完为止 2. 考生在不同的技能试题中，违犯安全文明生产考核要求同一项内容的，要累计扣分 3. 当考评员发现考生有重大事故隐患时，要立即予以制止，并每次扣考生安全文明生产总分 5 分	10

第五节　参考答案

第二节　理论知识试题

一、工具、量具及仪器

（一）选择题

1~10	C	C	B	B	D	D	D	D	B	B
11~20	C	A	B	C	D	D	C	C	C	B
21~30	B	C	D	C	B	D	D	C	D	D
31~40	D	D	D	D	A	D	A	B	D	C
41~50	D	A	B	C	D	A	D	A	B	C
51~53	D	C	A							

（二）判断题

1~10	×	×	×	×	√	×	×	×	×	×
11~20	×	×	×	√	×	×	×	×	×	×
21~30	√	√	√	×	√	×	√	×	√	√
31~40	√	×	√	×	√	×	√	√	√	×

二、读图、绘制及分析

（一）选择题

1~10	C	D	A	D	C	D	A	D	B	B
11~20	B	D	B	D	C	A	A	D	A	A
21~30	D	A	B	C	C	B	C	B	B	D
31~40	C	B	A	C	C	D	B	D	A	D
41~50	A	B	A	A	B	B	B	A	B	A
51~60	C	A	B	A	D	A	B	B	B	A
61~62	A	A								

（二）判断题

1~10	√	×	√	×	×	×	√	×	×	×
11~20	×	×	√	√	√	×	×	×	×	√
21~30	×	√	√	×	×	√	×	×	×	√
31~40	×	×	×	√	√	×	×	√	√	×
41~50	×	×	×	×	√	×	×	√	√	×
51~60	√	×	×	√	×	√	×	×	×	√
61~62	×	√								

三、配线、安装及调试

（一）选择题

1~10	D	A	A	A	A	C	C	C	B	D
11~20	C	C	B	A	B	B	A	D	B	A
21~30	B	A	D	A	D	B	B	A	A	A
31~40	D	D	D	D	D	D	C	D	A	A
41~50	A	A	A	C	C	A	B	A	A	A
51~60	C	C	C	B	B	A	B	C	A	B
61~70	B	A	C	C	C	B	B	D	A	A
71~80	A	B	B	B	A	B	D	D	D	C
81~90	C	D	D	B	B	C	A	A	B	D
91~100	D	D	C	B	C	A	D	B	A	A
11~110	B	C	A	A	A	D	A	A	A	A

续表

111~120	A	B	B	A	C	C	D	C	C	D
121~130	D	D	D	C	A	A	A	B	A	A
131~140	C	D	D	D	A	A	A	A	A	B
141~150	A	C	C	B	A	A	C	B	C	A
151~160	A	A	A	A	A	C	A	A	B	B
161~170	B	C	C	C	C	C	C	C	C	A
171~180	A	C	D	A	A	C	C	C	A	A
181~185	C	A	D	D	D					

（二）判断题

1~10	√	×	√	×	√	×	×	√	√	√
11~20	√	√	√	×	√	×	×	√	√	×
21~30	×	×	√	×	√	√	√	×	√	×
31~40	√	×	√	√	√	×	×	√	√	×
41~50	×	√	×	√	√	×	√	×	√	√
51~60	√	√	√	√	√	√	√	×	√	×
61~70	√	×	√	×	√	×	√	×	√	×
71~80	×	×	×	×	√	×	×	×	×	√
81~90	√	×	√	×	√	×	√	×	×	×
91~100	×	×	√	×	×	×	√	×	×	√
11~110	√	×	√	×	×	×	×	×	√	×
111~120	×	√	√	×	√	×	×	×	×	√
121~130	√	×	×	×	×	×	√	√	√	×
131~140	×	×	√	√	×	×	×	×	√	√
141~150	√	×	√	×	√	√	√	×	×	×
151~160	√	×	√	×	√	×	√	×	√	×

四、故障分析与排除

（一）选择题

1~10	B	B	B	B	D	D	D	D	C	C
11~20	C	C	B	B	B	B	A	A	A	A
21~30	A	A	A	A	C	B	A	B	B	C
31~40	A	B	A	A	A	A	A	B	A	C
41~50	D	A	C	B	B	C	C	C	C	B

续表

51～60	B	C	B	D	B	C	B	B	A	B
61～70	C	A	B	A	B	B	A	C	C	A
71～80	A	A	A	C	C	C	C	B	D	A
81～90	A	D	D	A	B	B	B	B	B	B
91～100	A	A	A	C	B	C	D	B	A	A
11～110	D	B	C	C	C	D	A	B	C	A
111～120	B	B	A	C	D	D	D	D	B	A
121～130	B	D	C	D	B	A	C	B	B	A
131～140	C	B	A	C	A	B	A	B	C	A
141～150	A	B	C	C	C	B	B	C	C	C
151～159	B	B	B	C	A	D	B	A	B	

（二）判断题

1～10	√	√	×	√	√	√	√	√	√	×
11～20	×	√	√	×	√	×	√	×	√	×
21～30	√	×	√	×	×	√	×	√	√	√
31～40	√	√	×	√	√	×	√	√	√	×
41～50	√	×	√	√	×	√	×	√	×	√
51～60	√	×	√	√	×	×	×	×	√	√
61～70	√	√	√	×	×	×	×	×	√	√
71～80	√	√	√	×	√	√	√	√	√	×
81～86	√	×	×	×	√	×				

第四节　理论知识模拟试卷

模拟试卷（一）

（一）选择题

1～10	D	C	C	D	B	C	A	A	C	A
11～20	B	A	B	D	B	B	A	A	C	C
21～30	D	D	D	D	C	A	D	C	A	C
31～40	B	A	A	D	B	C	A	A	C	C
41～50	A	D	C	A	C	B	A	B	D	D
51～60	A	D	C	A	B	D	A	D	A	C

续表

| 61~70 | C | A | C | C | C | B | A | A | A | C |
| 71~80 | C | C | A | B | D | B | C | C | C | C |

（二）判断题

| 1~10 | × | √ | × | √ | × | × | √ | × | × | × |
| 11~20 | √ | × | √ | √ | × | √ | √ | × | × | × |

模拟试卷（二）

（一）选择题

1~10	C	A	A	C	A	C	B	B	D	C
11~20	D	D	C	A	C	A	D	D	D	D
21~30	B	D	D	D	C	C	D	C	C	A
31~40	A	A	C	A	B	A	A	A	C	B
41~50	D	D	A	D	D	A	B	C	C	C
51~60	D	B	D	A	C	A	A	B	B	D
61~70	C	A	C	C	D	C	B	C	C	A
71~80	C	B	B	C	D	B	B	B	B	D

（二）判断题

| 1~10 | × | √ | × | × | × | √ | × | √ | × | √ |
| 11~20 | × | × | × | √ | √ | × | × | √ | × | × |